Cinema 4D
基础培训教材

王琦 主编

张龙 齐旺涛 闫龙 任启亮 许晓婷 孙瑞雄 张鸿 谢奇波 魏岩 编著

U0377741

人民邮电出版社

北京

图书在版编目（CIP）数据

Cinema 4D基础培训教材 / 王琦主编；张龙等编著
. -- 北京：人民邮电出版社，2020.12
ISBN 978-7-115-54884-9

Ⅰ．①C… Ⅱ．①王… ②张… Ⅲ．①三维动画软件—教材 Ⅳ．①TP391.414

中国版本图书馆CIP数据核字(2020)第176349号

内 容 提 要

本书是 Cinema 4D 基础培训教材，针对 Cinema 4D 初学者，深入浅出地讲解了软件的使用技巧，并且结合案例进一步引导读者掌握软件的使用方法。

全书以 Cinema 4D R21 版本为基础进行讲解。首先，介绍三维动态图形设计行业主流的三维软件；接着，讲解软件界面和基础操作，以及多边形建模和样条建模的相关知识；然后，针对生成器、变形器、运动图形模块、效果器、域及体积建模系统的相关知识与应用进行了讲解。

本书适合 Cinema 4D 初、中级的用户学习使用，也适合作为各院校相关专业和培训班的教材或辅导书。

- ◆ 主　　编　王　琦
  编　著　张　龙　齐旺涛　闫　龙　任启亮　许晓婷
  　　　　　孙瑞雄　张　鸿　谢奇波　魏　岩
  责任编辑　赵　轩
  责任印制　王　郁　马振武
- ◆ 人民邮电出版社出版发行　　北京市丰台区成寿寺路 11 号
  邮编　100164　电子邮件　315@ptpress.com.cn
  网址　https://www.ptpress.com.cn
  北京捷迅佳彩印刷有限公司印刷
- ◆ 开本：787×1092　1/16
  印张：18　　　　　　　　2020 年 12 月第 1 版
  字数：317 千字　　　　　2025 年 1 月北京第 12 次印刷

定价：79.00 元

读者服务热线：(010)81055410　印装质量热线：(010)81055316
反盗版热线：(010)81055315
广告经营许可证：京东市监广登字 20170147 号

编委会名单

主 编： 王 琦

编 著： 张 龙　齐旺涛　任启亮
　　　　　许晓婷　张 鸿　闫 龙
　　　　　孙瑞雄　谢奇波　魏 岩

编委会： （按姓氏音序排列）
　　　　　郝 阔　河北旅游职业学院
　　　　　郝振金　上海科学技术职业学院
　　　　　黄 晶　上海工艺美术职业学院
　　　　　李晓栋　火星时代教育影视学院院长
　　　　　汤美娜　上海建桥学院
　　　　　余文砚　广西幼儿师范高等专科学校
　　　　　张芸芸　上海东海职业技术学院
　　　　　周 亮　上海师范大学天华学院

随着移动互联网技术的高速发展，数字艺术为电商、短视频、5G等新兴领域的飞速发展提供了前所未有的强大助力。以数字技术为载体的数字艺术行业，在全球范围内呈现出高速发展的态势，为中国文化产业的再次兴盛贡献了巨大力量。据2019年8月发布的《数字文化产业发展趋势报告》显示，在经济全球化、新媒体融合、5G产业即将迎来大爆发的行业背景下，数字艺术还会迎来新一轮的飞速发展。

行业的高速发展，需要持续不断的"新鲜血液"注入其中。因此，我们要不断推进数字艺术相关行业的职教体系的发展和进步，培养更多能够适应未来数字艺术产业的技术型人才。在这方面，火星时代积累了丰富的经验，作为中国较早进入数字艺术领域的教育机构，火星时代自1994年创立"火星人"品牌以来，一直秉承"分享"的理念，毫无保留地将最新的数字技术，分享给更多的从业者和大学生，无意间开启了中国数字艺术教育元年。26年来，火星时代一直专注数字技能型人才的培养，"分享"也成为我们刻在骨子里的坚持。现在，我们每年都会为行业输送数以万计的优秀技能型人才，教学成果、图书教材和教学案例通过各种渠道辐射全国，很多艺术类院校或相关专业都在使用火星创作的图书教材或教学案例。

火星时代创立初期的主业为图书出版，在教材的选题、编写和研发上自有一套成功经验。从1994年出版第一本《3D studio 3.0-4.0三维动画全面速成》至今，火星时代已先后出版教材品种超100个，累计销量超过百万册。即使在纸质图书从式微到复兴的大潮中，火星时代的教学团队也从未中断过在图书出版方面的探索和研究。

"教育"和"数字艺术"是火星时代长足发展的两大关键词。教育具有前瞻性和预见性，数字艺术又因与电脑技术的发展息息相关，一直都奔跑在时代的最前沿。而在这样的环境中，居安思危、不进则退成为火星时代发展路上的座右铭。我们也从未停止过对行业的密切关注，尤其是技术革新带来的对人才需求的新变化。2020年上半年，通过对上万家合作企业和几百所合作院校的最新需求调研，我们发现，对新版本软件的熟练使用，是联结人才供需双方诉求的最佳结合点。因此，我们选择了目前行业需求最急迫、使用最多、版本最新的几大软件，发动具备行业一线水准的火星时代精英讲师，精心编写出这套基于软件实用功能的系列图书。章节设计既全面覆盖软件操作的核心知识点，还创新性地搭配了按照章节定制的教学视频、课件PPT、教学大纲、设计资源及课后练习题，非常适合零基础读者，同时还能够很好地满足各高职院校的视觉、设计、媒体、园艺、工程、美术、摄影、编导等相关专业的授课需求。

学生学习数字艺术的过程就是攀爬金字塔的过程。从基础理论、软件学习、商业项目实战、专业知识的横向扩展和融会贯通，一步步地进阶到金字塔尖。火星时代在艺术职业教育领域经过26年的发展，已经创造出一套完整的教学体系，帮助学生在成长中的每个阶段都能完成挑战，顺利进入下一阶段。我们编写图书的目的也是如此。这里也由衷感谢人民邮电出版社对本套图书的大力支持。

美国心理学家、教育家布鲁姆曾说过："学习的最大动力，是对学习材料的兴趣。"希望这套浓缩了我们多年教育精华的图书，能给您带来极佳的学习体验！

王琦

火星时代教育创始人、校长

中国三维动画教育奠基人

软件介绍

　　Cinema 4D是Maxon Computer公司推出的一款三维软件。动态图形设计师可以将Cinema 4D用于电视节目包装、电影电视片头、商业广告、MV、舞台屏幕、互动装置等制作；特效师可以用Cinema 4D设计电影、电视等视觉作品。

　　Cinema 4D拥有强大的模型流程化模块、运动图形模块、模拟模块、雕刻模块、渲染模块等，可以用来完成项目的模型、材质、动画、渲染、特效等工作，创作出震撼人心的视觉效果。同时，Cinema 4D中的MoGraph模块给设计师提供了一个全新的设计方向。Cinema 4D拥有强大的预设库，可以为设计师制作项目提供强有力的帮助，Cinema 4D还可以无缝地与后期软件Adobe After Effects等进行衔接。

　　本书是基于Cinema 4D R21编写的，建议读者使用该版本软件。如果读者使用的是其他版本的软件，也可以正常学习本书所有内容。

内容介绍

　　第1课"认识三维动态图形设计行业"通过对动态图形设计行业现状及主流三维软件的介绍，让读者了解Cinema 4D可以制作的项目风格及类型。

　　第2课"软件界面和基本操作"讲解软件中的各个界面及软件的基本操作，并对软件系统设置进行了介绍。

　　第3课"多边形建模"讲解参数对象，模型的三大元素——点、边、多边形，多边形编辑工具和多边形画笔工具，并通过案例对多边形建模的知识点进行巩固。

　　第4课"样条建模"讲解样条建模流程、参数样条、样条画笔和样条布尔，并结合样条生成器进行样条建模案例的讲解。

　　第5课"生成器"讲解各个生成器的基本属性，并结合案例对每一个生成器的知识点进行巩固。

　　第6课"变形器"讲解各个变形器的基本属性，并结合案例对每一个变形器的知识点进行巩固。

　　第7课"运动图形工具"讲解运动图形，并结合案例对运动图形模块的知识点进行巩固。

　　第8课"效果器"讲解各个效果器的基本属性，并结合案例对每一个效果器的知识点进行巩固。

　　第9课"域"讲解域的基本属性，并结合案例进行知识巩固。

　　第10课"体积建模系统"讲解体积建模系统中的体积生成、过滤层、体积网格、域等知识点，并结合案例对体积建模系统的知识点进行巩固。

本书特色

本书内容循序渐进、理论与应用并重，能够帮助读者实现从零基础入门到进阶的提升。此外，本书提供完整的课程资源和大量的视频教学内容，使读者可以更好地理解、掌握与熟练运用 Cinema 4D。

二维码

本书针对学习体验进行了精心的设计，会主要讲解每一个案例的操作要点。读者理解操作原理后，扫描书中对应的二维码即可观看详细的操作教程。

资源

本书附赠大量资源，包含所有课程的讲义，案例的详细操作视频、素材文件、工程文档和结果文件。视频教程与书中内容相辅相成、互为补充；讲义可以帮助读者快速梳理知识要点，也可以帮助教师编写课程教案。

作者简介

王琦： 火星时代教育创始人、校长，中国三维动画奠基人，北京信息科技大学兼职教授、上海大学兼职教授，Adobe 教育专家、Autodesk 教育专家、出版"三维动画速成""火星人"等系列图书和多媒体音像制品 50 余部。

张龙： 火星时代影视教研经理、资深运动图形设计师、剪辑包装专家讲师，具有十年广告包装从业经验，具有丰富的影视、广告、电视包装实战和教学经验，为各大卫视提供整包改版服务，为各大品牌制作广告及提供各类视频制作服务。在六年教学生涯中，他先后培养出几十位设计总监、数千名优秀设计师。参与编写多部图书。曾服务于 CCTV-1、CCTV-4、CCTV-7、CCTV-9、CCTV-10、安徽卫视、浙江卫视、江苏卫视、河南卫视、山东卫视、北京卫视、BTV 公共、BTV 新闻、安徽经视、安徽科教、浙江少儿、江苏少儿、京东旅游、OPPO、一点资讯、东风汽车、长安汽车、李先生、博洛尼、北京"设计之都"申办组等。

齐旺涛： 动态视觉设计师、资深讲师、教研讲师，有多年行业项目经验和教学经验。

任启亮： 主要从事影视剪辑包装及教学工作，相关从业时间达 8 年，参与项目有 TCL-8K 电视产品包装设计、2018 年京东 618 主会场开场视频、《看涂说话》涂磊自媒体栏目包装等。

许晓婷： 资深视觉设计师，有十年以上手绘经验，擅长三维设计、平面设计、漫画插画绘制。为多家品牌提供视觉创意服务，客户包括阿里巴巴、腾讯、农夫山泉、西安博物院、西安外国语大学、华远地产、熙地港等。

张鸿：动态视觉设计师，有多年行业一线经验和丰富的教学经验，曾参与制作《堡垒之夜》国服开放测试宣传片、《消除联盟》圣诞版宣传片、《疯狂动物城》手游宣传片等大型项目。

闫龙：影视剪辑包装设计师，主要从事影视包装和电商设计，有8年设计艺术相关教学经验和工作经验。

孙瑞雄：动态图形设计师，主要从事视觉创意设计和三维动态影像设计，服务客户包括兴业银行、信智城等。

谢奇波：剪辑包装设计师，有7年从业经验，参与项目有浙江卫视包装、上海SMG节目包装、各类游戏节目包装、各类广告片制作。

魏岩：主要从事影视剪辑包装设计及相关教学工作，从业时间4年，参与项目有"Drom"宣传片包装、"Sen Tec"宣传片和产品包装、"Glasses"产品包装。

读者收获

学习完本书后，读者可以熟练地掌握Cinema 4D的操作方法，还可以对模型和样条建模、生成器、变形器、运动图形、效果器、域及体积建模系统等有更深刻的理解。

本书在编写过程中难免存在疏漏之处，希望广大读者批评指正。如果读者在阅读本书的过程中有任何建议，欢迎发送电子邮件至zhaoxuan@ptpress.com.cn联系我们。

编者

2020年10月

课程名称	Cinema 4D 基础培训				
教学目标	使学生掌握Cinema 4D的应用技巧，并能够使用软件创作出三维作品				
总课时	36	总周数		9	
课时安排					
周次	建议课时	教学内容		单课总课时	作业
1	1	认识三维动态图形设计行业（本书第1课）		1	0
	2	软件界面和基本操作（本书第2课）		2	1
2	1	多边形建模（本书第3课）		3	1
	2				
	2	样条建模（本书第4课）		4	1
3	2				
	2	生成器（本书第5课）		2	1
4	4	变形器（本书第6课）		6	1
5	2				
	2	运动图形工具（本书第7课）		6	1
6	4				
7	4	效果器（本书第8课）		4	1
8	4	域（本书第9课）		4	1
9	4	体积建模系统（本书第10课）		4	1

本书说明

本书用课、节、知识点、二维码和本课练习题对内容进行了划分。

课 每课讲解具体的功能或项目。

节 将每课的内容划分为几个学习任务。

知识点 将每节的内容分为几个知识点进行讲解。

二维码 使用书和视频配合学习，可以达到更好的学习效果。本书中含有大量二维码，扫码即可观看视频。

本课练习题　　课后安排有选择题、填空题和操作题，并且选择题和填空题都配有参考答案，以帮助读者巩固所学知识。操作题均提供详细的作品规范、素材和要求，帮助读者检验自己是否能够灵活掌握并运用所学知识。

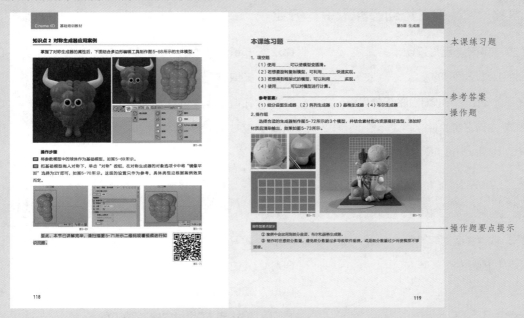

资源获取

本书附赠所有课程的讲义，案例的详细操作视频、素材文件、工程文档和结果文件。登录QQ，搜索群号"1063473302"加入火星时代的"CINEMA 4D图书售后群"，即可获得本书所有资源的下载方式。

目录

目录

第 6 课 变形器

目录

第 **10** 课 体积建模系统

第 **1** 课

认识三维动态图形设计行业

本课讲解动态图形的概念、动态图形设计师的设计思路，以及3款主流三维软件的特点和适用领域，最后欣赏优秀的动态图形设计案例。

本课知识要点

◆ 动态图形的概念

◆ 主流三维软件

◆ 案例欣赏

第1节 初识动态图形设计

当今社会，以视觉形象呈现信息的方式正在潜移默化地影响现代人的生活，动态图形设计就是以视觉形象呈现信息的一种方式。动态图形设计所呈现的信息，能给观众留下深刻的印象。

知识点 1 动态图形的概念

动态图形（Motion Graphics）是指"随时间流动而改变形态的图形"，它融合了电影与图形设计，简单地说，动态图形可以解释为会动的图形。

动态图形将平面设计、动画设计和电影语言相结合，呈现出平面设计与动画设计的中间态。动态图形在视觉表现上基于平面设计规则，在技术上使用动画制作手段。因此，动态图形的表现形式丰富多样，具有极强的包容性，能和各种表现形式及艺术风格完美配合。

动态图形的主要应用领域集中于电视节目包装、电影（电视）片头、商业广告、MV、舞台现场屏幕特效、互动装置等。

知识点 2 动态图形设计师的设计思路

动态图形设计师的主要职责是制作创意脚本（如图1-1所示）和进行动态设计。创意脚本是指在项目实施之前向客户提供的视觉方案，它明确了整个项目的表现风格、气氛、动作流程及画面元素等主要信息，并配合文字描述使客户能够大致了解最终的成品效果。此外，创意脚本也是团队合作中不可或缺的一环。动态图形设计师在与其他设计师合作的时候需要通过创意脚本沟通，以确保最终的成片风格一致。创意脚本经由客户认可后，设计师需要对创意脚本进行技术测试、动画制作、渲染与合成。

大全景：在布置前卫的欧美风格街口，几个黑衣青年与红衣男孩相遇。

图1-1

全景：黑衣青年与红衣男孩相对而立，似乎要比试什么。

中景：突然，站在中间的青年按下腰间的随身CD开关，顿时响起激烈的HIP-HOP音乐，他随音乐跳了一段舞蹈。

近景：小男孩不甘示弱，跳了段更酷的舞蹈。

中景：青年跳了一段难度很大的舞蹈。

图1-1（续）

第2节 主流三维软件

当下可供设计师使用的三维软件数不胜数，逐一去学习很不现实，那么如何在众多三维软件中选出适合自己的呢？目前，最具代表性的三维软件有Cinema 4D、Autodesk Maya和3D Studio Max。这3款软件在功能上各有侧重，在操作方法上也有区别，要想用这些软件制作出精美的效果，就需要了解它们的特点。

知识点 1 Cinema 4D

Cinema 4D是由德国Maxon Computer公司研发的一款功能强大的设计软件，尤其适合建模和渲染，且运算速度很快，因此备受设计师的喜爱。

Cinema 4D内置了很多变形器、效果器和预设内容，用户无须编写脚本，就可以轻松制作出炫酷的场景，堪称商业动画制作"神器"。Cinema 4D的界面比较直观，操作起来十分便捷。

目前Cinema 4D主要用于制作电视栏目包装、影视后期、广告、特效、三维概念图等，它还可以与特效软件（如After Effects等）完美配合。

知识点 2 Autodesk Maya

Autodesk Maya是美国Autodesk公司出品的三维软件。

Autodesk Maya的优势是团队合作能力强，它的节点式操作特性决定了它会被更多地应用在影视特效制作上。Autodesk Maya在动画制作方面有十分出色的表现，可以说"只有想不到的，没有它做不到的"。如果用户有编程基础，还能让Autodesk Maya发挥更大的"威力"。

Autodesk Maya的3D建模、动画、特效和渲染功能非常实用，被广泛应用于平面设计、网站资源开发、电影特效制作、游戏设计与开发及三维动漫设计等领域。

知识点 3 3D Studio Max

3D Studio Max是一款基于PC操作系统的三维动画渲染和制作软件，由Discreet公司开发，后被Autodesk公司合并。3D Studio Max是一款非常成熟的三维软件，用户很多，可以结合众多的插件使用，有很好的扩展性，唯一遗憾的是没有Mac OS版本。

3D Studio Max的建模能力较强，制作动画的能力较弱，适用于效果图的制作，所以它的应用范围主要在广告设计、影视设计、工业设计、建筑设计、三维动画制作、多媒体制作、游戏及工程可视化等领域。

知识点 4 3 款软件的特点

3D Studio Max的优点是简单易学、建模功能实用、渲染效果逼真、制作效率高，而插件多，能够拓展出很多功能。它的缺点是动画制作方面的能力较弱，过于依赖插件。

Autodesk Maya的强项是与动画制作相关的功能非常全面。它的缺点是操作过于复杂，学习难度大，需要背很多的代码表达式。

Cinema 4D比3D Studio Max更易学。熟练掌握3D Studio Max需要半年，Autodesk Maya最少需要3年，而Cinema 4D大概只需要3个月。Cinema 4D在功能方面其实和Autodesk Maya差不多，只不过Cinema 4D对很多表达式都进行了简化。Cinema 4D在建模、材质和动画方面都很强，在渲染器方面也有非常丰富的选择空间，而且可以与Adobe旗下的软件完美结合。

第3节 案例欣赏

以下为Cinema 4D的案例欣赏。

Cinema 4D应用在三维概念设计效果如图1-2所示。

图1-2

Cinema 4D应用在材质渲染上的效果如图1-3所示。

图1-3

Cinema 4D应用在产品广告上的效果如图1-4所示。

图1-4

Cinema 4D 应用在电视栏目包装上的效果如图1-5所示。

图1-5

Cinema 4D 应用于特效制作的效果如图1-6所示。

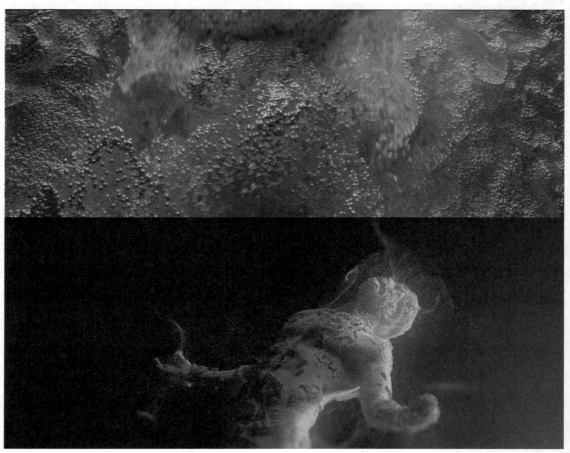

图1-6

Cinema 4D应用在电商海报上的效果如图1-7所示。

图1-7

第 **2** 课

软件界面和基本操作

在了解了三维动态图形设计行业及Cinema 4D的用途后，如果要想进一步了解三维动态图形设计的方法，就要对Cinema 4D有基础的认识和掌握，并且能够进行基本的软件操作。

本课将讲解Cinema 4D的软件界面、基本操作，以及使用软件前的工程设置等内容，帮助读者快速认识软件界面并掌握基本操作。

本课知识要点
◆ 软件界面
◆ 四视图窗口
◆ 视图窗口操作
◆ 文件基本操作

第1节 软件界面详解

Cinema 4D的初始界面由标题栏、菜单栏、工具栏、编辑模式工具栏、视图窗口、时间线面板、材质面板、坐标面板、对象面板、场次面板、内容浏览器面板、属性面板、层面板、构造面板和提示栏共15个区域组成。

Cinema 4D的常用区域包括视图窗口、时间线面板、材质面板、坐标面板、对象面板和属性面板，如图2-1所示。

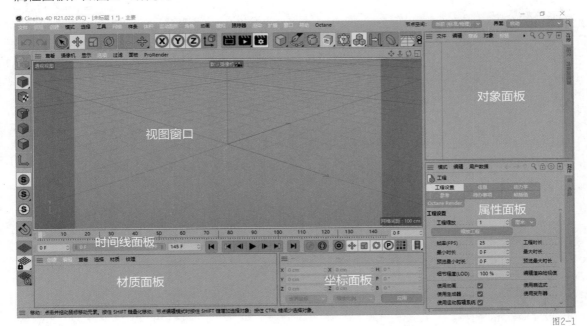

图2-1

知识点 1 标题栏

标题栏位于界面最顶端，包含软件版本号和当前编辑文件的信息。如用户未及时保存当前文件，在"未标题"后会显示*图标，如图2-2所示；保存文件之后，*图标就会消失，如图2-3所示。

图2-2   图2-3

知识点 2 菜单栏

Cinema 4D的菜单栏与其他软件相比有所不同，按照类型可以分为主菜单栏和窗口菜单栏。其中，主菜单栏位于标题栏下方，绝大部分工具都在其中。窗口菜单栏是视图菜单和各区域菜单的统称，分别用于管理各自所属的窗口和区域，如图2-4所示。

图2-4

打开任意下拉菜单，如果某命令后面带 ► 图标，则说明该命令拥有子菜单，如图2-5
所示。

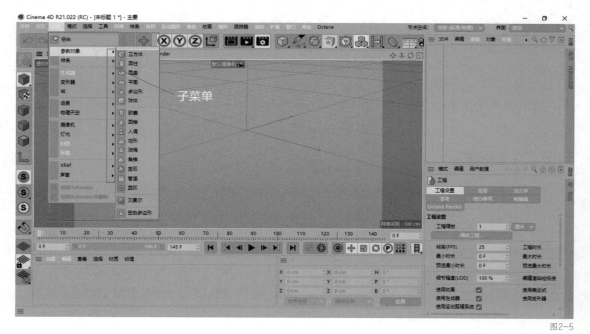

图2-5

知识点 3 工具栏

工具栏位于菜单栏的下方，其中包含许多常用工具，使用这些工具可以创建、编辑和渲染
模型对象，如图2-6所示。

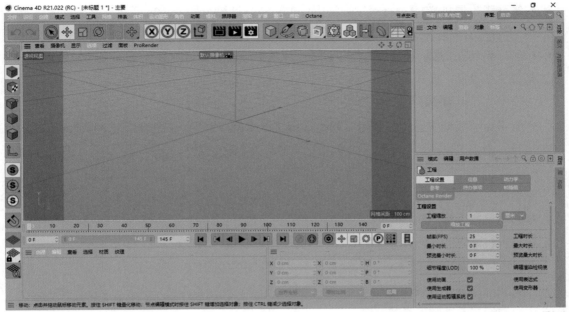

图2-6

提示　工具栏中的工具分为独立工具和工具组。工具按钮右下角有小三角图标的是工具组，工具组中包含多个功能相似的工具，在工具组按钮上长按鼠标左键即可显示出工具组中的所有工具。如长按实时选择按钮，即可展开该工具组中的所有工具，如图2-7所示。

● 撤销工具可用于撤销上一步操作，快捷键为Ctrl+Z。在主菜单栏中执行"编辑－撤销"命令也可以撤销上一步操作。

● 重做工具可用于取消撤销上一步操作，快捷键为Ctrl+Y。在主菜单栏中执行"编辑－重做"命令也可以取消撤销上一步操作。

● 选择工具组可用于对场景元素进行选择。在主菜单栏中执行"选择"命令可以选择不同的选择工具。

图2-7

● 移动工具可以对当前选择的元素进行移动操作，快捷键为E。在主菜单栏中执行"工具－移动"命令也可以选择移动工具。

提示　工具栏中的工具和在主菜单栏中执行的命令是同样的操作效果，二选一即可。

● 缩放工具可以对当前选择的元素进行缩放操作，快捷键为T。在主菜单栏中执行"工具－缩放"命令也可以选择缩放工具。

● 旋转工具可以对当前选择的元素进行旋转操作，快捷键为R。在主菜单栏中执行"工具－旋转"命令也可以选择旋转工具。

● 参数复位工具可以对场景元素进行复位。在主菜单栏中执行"工具－复位PSR"命令也可以选择复位工具。

● 显示当前所选工具组位于参数复位工具右侧，可以记录当前场景中使用过的工具。

- 坐标类工具⊗⊗⊗可以对坐标轴进行锁定或者解锁。如需解锁或锁定某个轴向，单击对应轴向的按钮即可。

- 坐标系统工具⬛可以对元素的全局坐标系统或对象坐标系统进行切换，快捷键为W。在主菜单栏中执行"模式 – 坐标 – 坐标系统"命令，也可以对坐标系统进行选择。

渲染类工具组⬛⬛⬛可以对场景进行编辑渲染及渲染输出设置。

- 渲染当前活动视图工具⬛可以对当前场景进行窗口渲染，快捷键为Ctrl+R。在主菜单栏中执行"渲染 – 渲染活动视图"命令也可以渲染当前活动视图。

- 渲染到图片查看器工具组⬛可以把当前场景在图片查看器中进行渲染，快捷键为Shift+R。在主菜单栏中执行"渲染 – 渲染到图片查看器"命令也可以进行渲染到图片查看器的操作。

- 编辑渲染设置工具⬛可以设置渲染输出的参数，快捷键为Ctrl+B。在主菜单栏中，执行"渲染 – 编辑渲染设置"命令也可以进行编辑渲染设置。

创建工具组⬛⬛⬛⬛⬛⬛⬛⬛⬛⬛可用于创建场景中需要的各种元素对象。

- 参数对象工具组⬛可用于场景中创建参数对象。在主菜单栏中执行"创建 – 参数对象"命令也可以选择不同类型参数对象。

- 样条工具组⬛内包括样条画笔和参数样条，可用于在场景中创建样条元素。在主菜单栏中执行"创建 – 样条 – 画笔"命令，可以选择样条画笔工具；在主菜单栏中执行"创建 – 样条"命令，可以选择不同类型参数化样条。

- 生成工具组⬛可用于对模型元素进行生成编辑。在主菜单栏中执行"创建 – 生成器"命令，也可以选择生成器。

- 样条生成工具组⬛可用于对样条元素进行生成编辑。在主菜单栏中执行"创建 – 生成器"命令，也可以选择样条生成器。

- 运动图形工具组⬛可用于在场景中创建和编辑运动图形元素。在主菜单栏中执行"运动图形"命令，也可以选择不同类型的运动图形工具。

- 体积生成工具组⬛可用于对元素进行体积建模。在主菜单栏中执行"体积"命令，也可以选择体积生成工具组中的工具。

- 域工具组⬛可用于对模型元素进行表面形态编辑。在主菜单栏中执行"创建 – 域"命令，也可以选择不同类型的域。

- 变形工具组⬛可用于对场景元素进行形态变换。在主菜单栏中执行"创建 – 变形器"命令，也可以选择不同类型的变形器。

- 场景和物理天空工具组⬛可用于创建天空、背景、舞台和物理天空等。在主菜单栏中执行"创建 – 场景或物理"命令，也可以选择场景工具或物理天空工具。

- 摄像机工具组⬛可用于在场景中创建不同类型的摄像机。在主菜单栏中执行"创建 – 摄像机"命令，也可以创建不同类型的摄像机。

- 灯光工具组⬛可用于在场景中创建不同类型的灯光。在主菜单栏中执行"创建 – 灯光"命令，也可以选择不同类型的灯光。

知识点 4 编辑模式工具栏

编辑模式工具栏在界面的最左端，在这里可以切换不同的编辑工具，如点、边和多边形等，如图2-8所示。

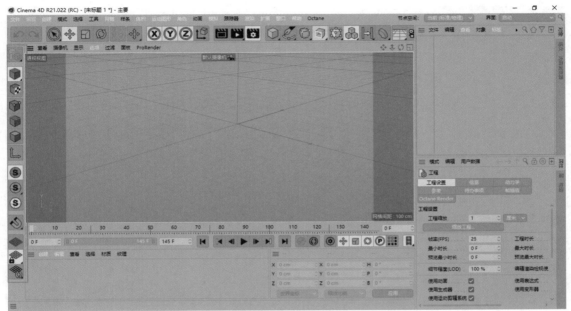

图2-8

编辑模式工具栏 中包括以下工具。

- 转为可编辑对象工具组 可用于转化参数对象为多边形对象，快捷键为C。
- 模型工具组 可用于对模型使用模型模式。
- 纹理工具 可用于对模型使用纹理模式。
- 点工具 可用于编辑模型的点。
- 边工具 可用于编辑模型的边。
- 多边形工具 可用于编辑模型的面。
- 启用轴心工具 可用于调整模型的轴心，快捷键为L。
- 关闭视窗独显工具 可用于禁用视窗独显模式。
- 视窗单体独显工具组 可用于在视窗中隔离所选对象。
- 视窗独显选择工具 可用于切换动态对象独显模式。
- 启用捕捉工具组 可用于为活动工具启用组件捕捉，快捷键为Shift+S。
- 工作平面工具 可用于进入工作平面模式。
- 锁定工作平面工具组 可用于调整使用的工作平面，快捷键为Shift+X。
- 工作平面工具组 可用于调整工作平面。

知识点 5 视图窗口

在视图窗口中可以对模型进行编辑及场景搭建，默认显示的是透视视图。除透视视图外，还有顶视图、右视图和正视图等，如图2-9所示。

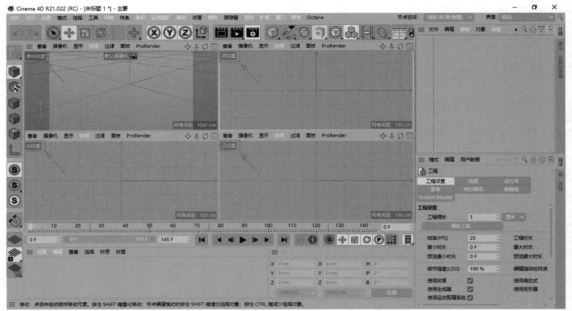

图2-9

知识点 6 时间线面板

时间线面板在视图窗口下方，其中包括时间线和动画编辑工具，如图2-10所示。

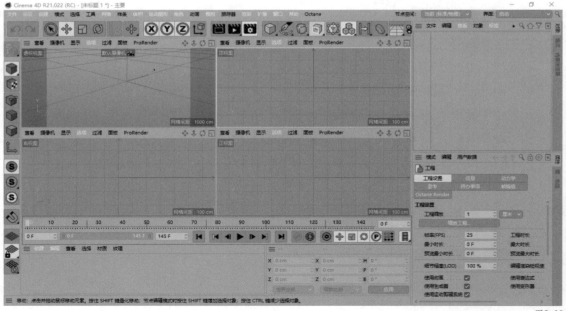

图2-10

知识点 7 材质面板

材质面板位于时间线面板下方，用于创建和编辑材质，如图2-11所示。

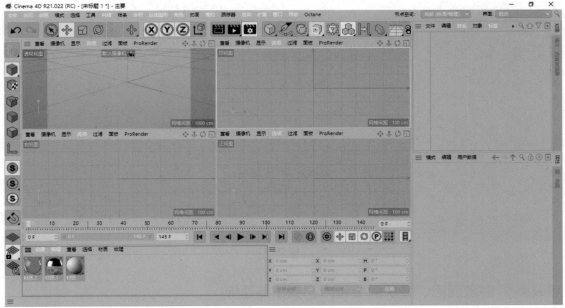

图2-11

在材质面板中双击可以创建默认材质。

在材质面板菜单栏中执行"创建－材质"命令，可以选择不同材质，如图2-12所示。

若想删除材质，选中要删除的材质，在材质面板菜单栏中执行"编辑－删除"命令，如图2-13所示。选中材质按快捷键Delete也可以将其删除。

图2-12

图2-13

知识点 8 坐标面板

坐标面板位于材质面板右侧，用于控制和编辑所选对象的"位置""尺寸"和"旋转"参数，如图2-14所示。

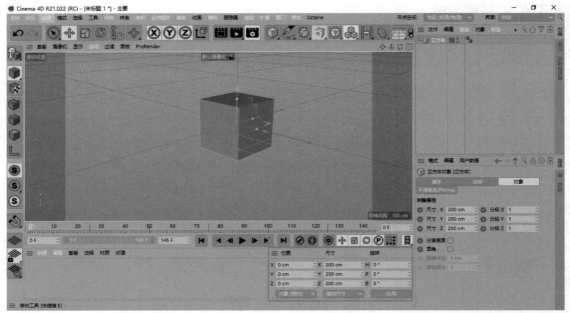

图2-14

知识点 9 对象面板、场次面板和内容浏览器面板

对象面板、场次面板和内容浏览器面板位于界面右上方，如图2-15所示。对象面板用于显示、编辑和管理场景中所有的对象及标签，场次面板用于管理与编辑场景渲染的场次，内容浏览器面板用于管理和浏览预设文件。

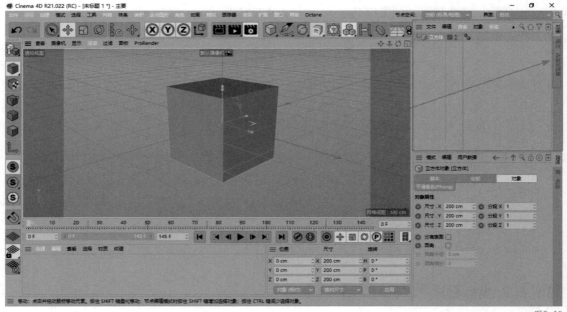

图2-15

对象面板可以分为对象列表、显示/隐藏和对象标签区域，如图2-16所示。

在场次面板中可以为每个场景对象设置不同的拍摄角度，并从单个场景中快速查看每个变换的对象，如图2-17所示。

内容浏览器面板用于浏览和管理工程文件，如图2-18所示。

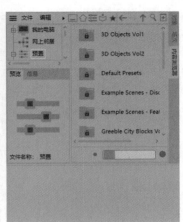

图2-16　　　　　　　　　　　　　　　图2-17　　　　　　　　　　　　　　　图2-18

知识点 10　属性面板、层面板和构造面板

属性面板、层面板和构造面板位于界面的右下方，如图2-19所示。

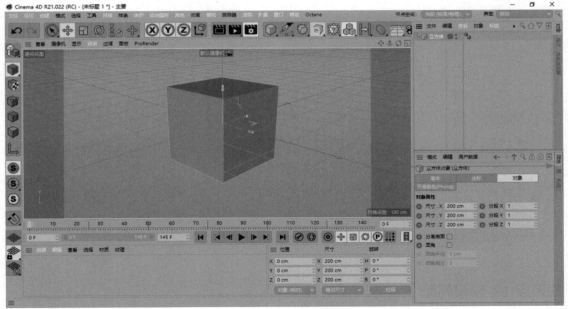

图2-19

属性面板包含了所选对象所有属性参数，属性参数都可以在这里进行编辑处理，如图2-20所示。

层面板用于管理场景中多个对象的属性显示，如图2-21所示。

构造面板用于显示对象由点构造成的参数，并可进行编辑调整，如图2-22所示。

  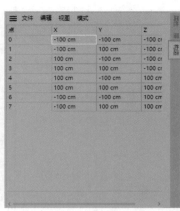

图2-20   图2-21   图2-22

知识点 11 提示栏

提示栏位于界面最下方，用来显示鼠标指针所在区域、工具提示信息和错误警告信息，如图2-23所示。

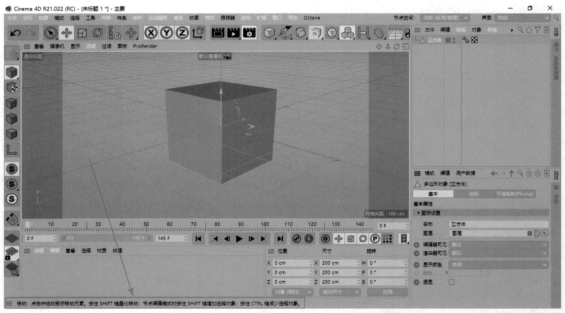

图2-23

知识点 12 预设界面

以上知识点是基于默认界面讲解的，软件中还自带了其他的预设界面，如图2-24所示。打开"界面"下拉列表框，即可选择预设界面。

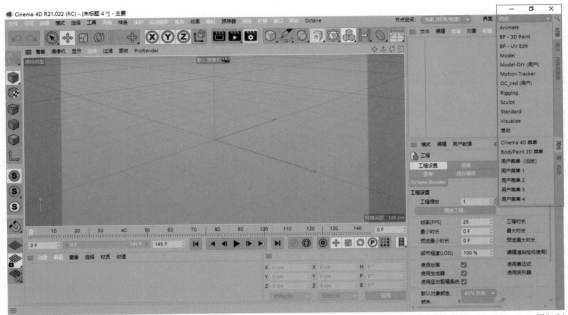

图2-24

第2节 四视图窗口

视图窗口可以从显示单个视图窗口切换为显示四视图窗口，每个窗口都有自己的显示设置。窗口顶部左边为视图菜单栏，右边为视图操作按钮，如图2-25所示。

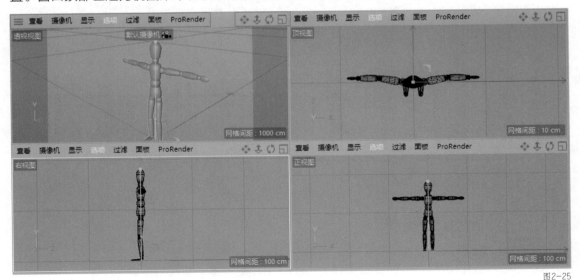

图2-25

知识点1 四视图的区别

三维软件中都有四视图的显示方式，其中透视视图是制作项目时使用频率最高的视图。

正视图相当于从正前方观看物体，顶视图相当于从上方观看物体，右视图相当于从右侧观看物体。

知识点 2　四视图的切换

在软件中，有以下两种方法可以切换视图。

- 单击要切换的视图右上方的切换按钮回。
- 将鼠标指针放在想要切换的视图上，单击鼠标滚轮即可切换。

知识点 3　四视图之间的透视区别

四视图中，透视视图有近大远小的透视关系，但是其他视图没有透视变化，如图2-26所示。

在透视视图中，小人偶有近大远小的透视关系，在另外3个视图中，小人偶都是平行视角，没有透视关系，这就是视图之间的区别。

除透视视图外，其他视图统称为"正交视图"。

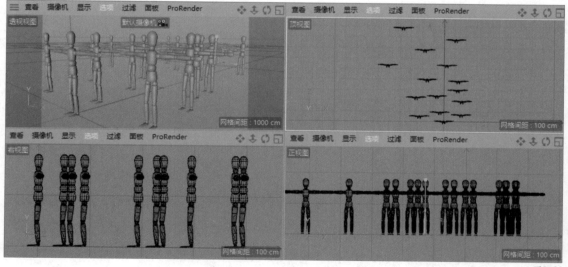

图2-26

第3节　视图窗口操作

在Cinema 4D中经常会对视图窗口进行操作，以使观察和编辑模型的各个部分。

知识点 1　平移视图

以下3种方式可以平移视图。

- 在"平移"按钮 上按住鼠标左键并拖曳即可平移视图，如图2-27所示。
- 在视图窗口中，按住数字键1与鼠标左键并拖曳即可平移视图。
- 在视图窗口中，按住Alt键与鼠标滚轮并拖曳即可平移视图。

知识点 2　推拉视图

以下3种方式可以推拉视图。

- 在"推拉"按钮 上按住鼠标左键并拖曳即可推拉视图，如图2-28所示。
- 在视图窗口中按住数字键2与鼠标左键并拖曳即可推拉视图。
- 在视图窗口中按住Alt键与鼠标右键并拖曳即可推拉视图。

知识点 3　旋转视图

以下3种方式可以旋转视图。

- 在"旋转"按钮 上按住鼠标左键并拖曳即可旋转视图，如图2-29所示。
- 在视图窗口中，按住数字键3与鼠标左键并拖曳即可旋转视图。
- 在视图窗口中，按住Alt键与鼠标左键并拖曳即可旋转视图。

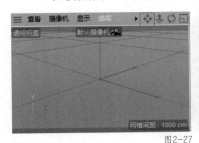

图2-27

图2-28

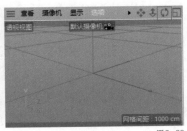

图2-29

第4节　工具栏中的4种工具

本节讲解的是工具栏中4种对模型进行编辑的常用工具，即选择工具、移动工具、缩放工具和旋转工具，如图2-30所示。

图2-30

知识点 1　选择工具

当场景中有多个元素（点、边、多边形）时，激活选择工具 可以对元素进行选择，如图2-31所示。

勾选"仅选择可见元素"后，只能选择视图中可以看见的元素；取消勾选"仅选择可见元素"后，可选择视图中所有被框选的元素，按快捷键9可以切换这两种状态。

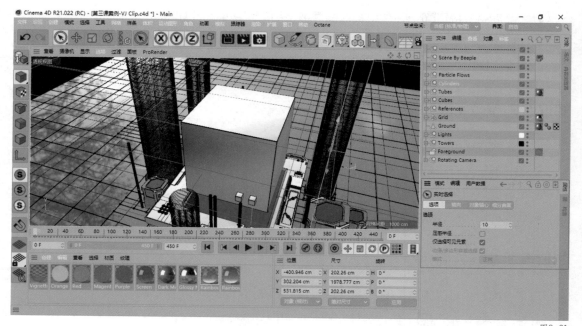

图2-31

知识点 2 移动工具

激活移动工具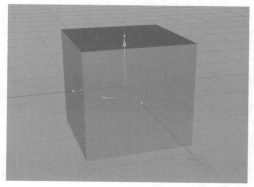后，视图中被选中的模型上将会出现三维坐标轴，其中红色代表 X 轴、绿色代表 Y 轴、蓝色代表 Z 轴。

在视图的空白处按住鼠标左键并拖曳，可以将模型移动到三维空间的任意位置，如图2-32所示。移动工具的快捷键是 E。

图2-32

知识点 3 缩放工具

激活缩放工具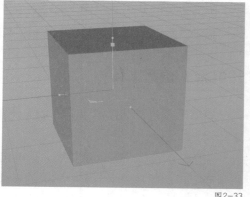后，单击任意轴向上的小黄点进行拖曳可以使模型沿着该轴进行缩放。在视图空白区域按住鼠标左键并拖曳，可对模型进行等比缩放，如图2-33所示。缩放工具的快捷键为 T。

知识点 4 旋转工具

激活旋转工具，视图中被选中的模型上会出现分别代表 X 轴、Y 轴和 Z 轴的旋转环。

图2-33

在视图窗口中选择任意一个轴进行拖曳，模型会围绕这个轴旋转，这种情况称为"单轴旋转"。

在视图窗口中不选择任意旋转轴，在空白处按住鼠标左键并拖曳，模型会整体旋转，如图2-34所示。旋转工具的快捷键为R。

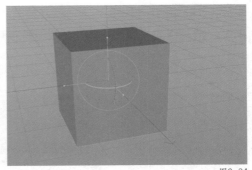

图2-34

> 提示 在进行单轴旋转时，按住Shift键，模型会以每次5°的增量进行旋转。

第5节 文件基本操作

本节将对项目文件的基本操作进行讲解，包括项目开始时的新建工程，以及项目制作时的关闭项目、保存文件、保存工程和导出文件。

知识点 1 新建工程

在主菜单栏中执行"文件-新建项目"命令，创建一个新的工程文件，快捷键是Ctrl+N，如图2-35所示。

新建工程之后，不会关闭之前的工程，如需查看之前的工程，在主菜单栏中执行"文件-窗口"命令，单击相应工程名称即可。

知识点 2 关闭项目

在主菜单栏中执行"文件-关闭项目"命令，关闭当前文件，快捷键是Ctrl+F4。

在主菜单栏中执行"文件-关闭所有项目"命令，关闭当前打开的所有工程文件，如图2-36所示。

知识点 3 保存文件

在主菜单栏中执行"文件-保存项目"命令，保存当前编辑的文件，快捷键是Ctrl+S。

在主菜单栏中执行"文件-另存项目为"命令，将当前编辑的文件另存为一个新的文件，快捷键是Ctrl+Shift+S。

在主菜单栏中执行"文件-增量保存"命令，将当前编辑的文件增量另存为一个新的文件，快捷键是Ctrl+Alt+S，如图2-37所示。

知识点 4 保存工程

如需保存所有项目文件，则可在主菜单栏中执行"文件-保存全部项目"命令。

如需保存当前项目文件，则可在主菜单栏中执行"文件-保存工程（包含资源）"命令，如图2-38所示。"保存工程（包含资源）"也就是工作中常说的打包工程，可以避免日后资源丢失，同时也方便交接给其他人继续使用。

图2-35　　　　　　　　　图2-36　　　　　　　　　图2-37　　　　　　　　　图2-38

知识点 5　导出文件

把项目文件导出为3DS、ABC、FBX、OBJ等格式，以便和其他软件进行交互。在主菜单栏中执行"文件-导出"命令，选择项目文件需要的格式即可，如图2-39所示。

第6节　软件系统设置

第一次打开新安装的软件时，需要对软件进行基础的系统设置。一方面是为了保证和其他人的统一性，另一方面是避免制作项目时出现不稳定因素，导致软件报错。

图2-39

知识点 1　项目自动保存设置

在软件中设置自动保存，可以避免意外情况导致项目工程直接退出，造成项目工程损坏。开启自动保存后，项目工程文件会根据设置自动保存。

在主菜单栏中执行"编辑-设置-文件"命令，勾选"保存"选项，并设置时间间隔即可实现自动保存，如图2-40所示。

知识点 2　工程帧率设置

软件默认的工程"帧率"为"30"，我国使用的工程"帧率"为"25"，因此需要将工程"帧率"设置为"25"。

在主菜单栏中，执行"编辑-工程设置"命令，可以打开工程设置面板，快捷键是Ctrl+D，如图2-41所示。

在工程设置面板中将工程"帧率"设置为"25"，如图2-42所示。

知识点 3　渲染输出帧率设置

上个知识点中设置的工程"帧率"为"25"，所以渲染输出帧率也需设置为"25"。

在主菜单栏中执行"渲染-编辑渲染设置"命令，如图2-43所示，可以打开"渲染设置"窗口，快捷键是Ctrl+B。

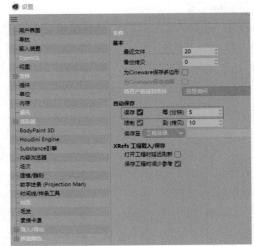

图2-40

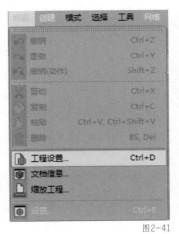

图2-41

图2-43

在"渲染设置"窗口中选择输出，将"帧频"设置为"25"，如图2-44所示。

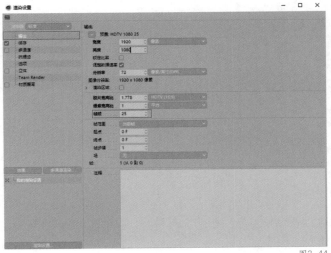

图2-42

图2-44

本课练习题

1. 填空题

（1）软件界面由_____、_____、_____、_____、_____、_____、_____、_____、_____、_____、_____、_____、_____和_____共15个区域组成。

（2）编辑模式工具栏中，转为可编辑对象工具的快捷键是_____。

（3）在材质面板中有两种方式可以创建材质，分别是_____、_____。

参考答案：

（1）标题栏、菜单栏、工具栏、编辑模式工具栏、视图窗口、时间线面板、材质面板、坐标面板、对象面板、场次面板、内容浏览器面板、属性面板、层面板、构造面板和提示栏

（2）C

（3）双击、执行"创建-材质"命令

2. 选择题

（1）移动工具快捷键是（　　　）。

A. Q　　　　　　　　B. W　　　　　　　　C. E　　　　　　　　D. R

（2）平移视图有（　　　）种操作方式。

A. 2　　　　　　　　B. 3　　　　　　　　C. 4　　　　　　　　D. 5

（3）软件工程帧率应统一设置为（　　　）。

A. 21　　　　　　　B. 24　　　　　　　C. 25　　　　　　　D. 30

参考答案：

（1）C　（2）B　（3）C

3. 操作题

本课主要讲解的是软件界面的基本操作，打开提供的任意一课的工程文件，熟悉软件界面及基础工具操作。

第 **3** 课

多边形建模

本课先讲解Cinema 4D基础的参数对象和参数化模型的特点，然后讲解模型三大元素的编辑方法，系统性地分析多边形编辑工具的使用方法和技巧。最后，通过完成一个基础的多边形场景建模案例来帮助读者了解多边形建模的一般流程，并熟悉各种工具的用法。

本课知识要点

◆ 参数对象
◆ 模型的三大元素——点、边、面
◆ 多边形编辑工具
◆ 多边形场景建模案例

第1节 参数对象

参数对象是指可通过调整参数使模型的体积、外观和细节等发生可逆性改变的对象。在实际的建模案例中，应尽量保留模型的参数属性，以方便日后重复修改。

知识点 1 创建参数对象

在工具栏中长按"立方体"按钮 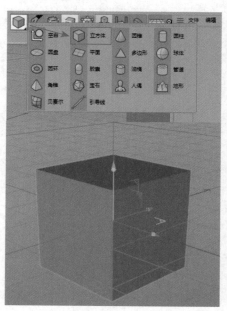，展开参数对象工具组，在其中选择不同工具可以创建对应模型，如图3-1所示。

知识点 2 参数对象的属性

参数对象的属性主要包括尺寸、分段、圆角、封顶和切片等。参数对象的类型主要包括"立方体""圆锥""圆柱""圆盘""平面""多边形""球体""圆环""胶囊"等18个。下面以圆柱为例，分析其属性参数。

创建基础参数对象"圆柱"，切换显示模式为"光影着色（线条）"，快捷键为N ~ B（先按N键然后快速按B键，后文同理），观察其布线结构，如图3-2所示。单击圆柱可以打开其属性面板，默认打开对象选项卡，如图3-3所示。

图3-1

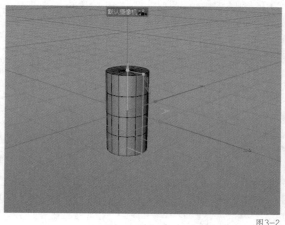

图3-2

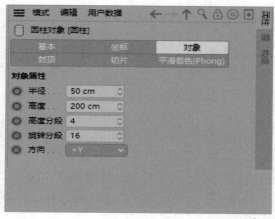

图3-3

调整"半径"参数可改变圆柱横截面积的大小，如图3-4所示。

调整"高度"参数可改变圆柱的高矮，如图3-5所示。

调整"高度分段"可改变圆柱的径向细分数，如图3-6所示。

调整"旋转分段"可改变圆柱的轴向细分数（圆滑程度），如图3-7所示。

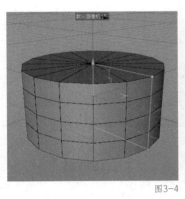
图3-4

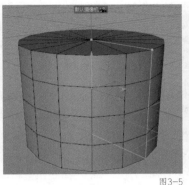
图3-5

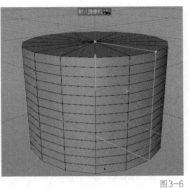
图3-6

在属性面板下选择封顶选项卡，勾选"圆角"可以为模型增加倒角细节，如图3-8所示。

在属性面板下选择切片选项卡，勾选"切片"可以改变模型的体积分布，如图3-9所示。

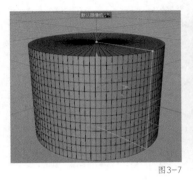
图3-7

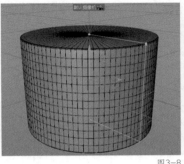
图3-8

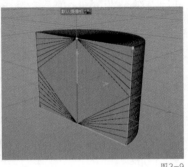
图3-9

参数对象的种类繁多，熟练掌握和运用各种参数对象对初次了解三维模型的读者来说尤为重要。本节仅以圆柱为例进行了参数对象的各个属性讲解，读者可以自行练习其他参数对象的创建方法。

第2节 模型的三大元素——点、边、面

Cinema 4D为用户提供了多种参数对象，虽然能够满足一些基础场景的搭建需求，但是要使模型的结构具有多样化、创新化和精细化的特点，仅仅使用参数对象是不够的。因为调整参数对象属性的时候，其整体结构也会发生改变，而在多边形建模过程中，往往需要针对模型的某个局部进行调整，所以需要认识和编辑模型的三大元素——点、边和面。

点动成线，线动成面，面动成体。参数对象是不能被直接选中并编辑的，需要将参数对象转换为可编辑对象，快捷键为C。

当将参数对象转换为可编辑对象后，每种元素都有各自对应的编辑模式，如图3-10所示。

知识点1 图标变化

当参数对象转换为可编辑对象后，视图窗口左上角的转换可编辑对象图标会由高亮显示变为灰色显示，对象面板里的 立方体 会变为 立方体 。

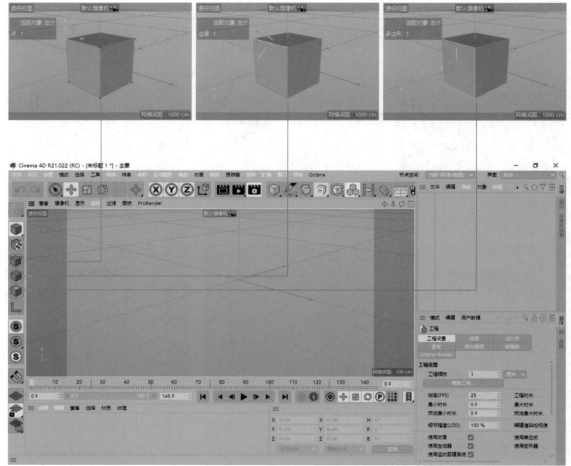

图3-10

知识点 2 模型三大元素切换

模型的三大元素可以相互切换。在选中点、边或面元素的情况下，按住 Ctrl 键并单击点、边或多边形模式按钮，可直接切换为对应模式，如图3-11所示。

知识点 3 模型三大元素基础编辑

当将参数对象转换为可编辑对象后，切换到不同元素的编辑模式下，选择对应的点、边和面元素后，使用位移、缩放和旋转工具可以对它们进行编辑，如图3-12所示。

第3节 多边形编辑工具

认识了模型的三大元素后，就可以利用相关元素的编辑工具来对基础模型的点、边和面进行编辑了。虽然利用简单的位移、旋转、缩放工具也能对模型进行编辑，但是效率很低，效果也不佳，因此需要学习专属于Cinema 4D的元素编辑工具。

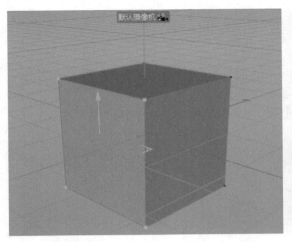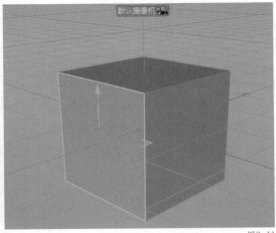

图3-11

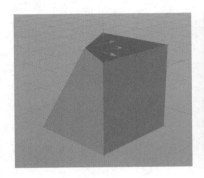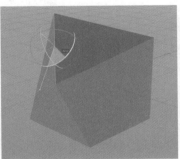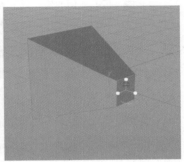

图3-12

编辑工具主要分布在主菜单栏中的"网格"菜单下，如图3-13所示。元素选择工具主要
分布在主菜单栏中的"选择"菜单下，如图3-14所示。

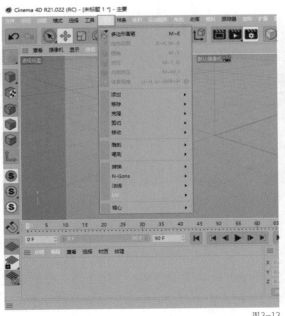

图3-13　　　　　　　　　　　　　　　　　　　　图3-14

在多边形建模过程中，从一个基础的参数对象到建立一个完整的多边形模型，需要将多个多边形编辑工具配合使用。下面以一个简单的立方体对象为例，讲解Cinema 4D中最常见、最重要的一些多边形编辑工具的使用方法和效果。

知识点 1 倒角工具

使用倒角工具可以改变模型结构并为模型添加细节，使模型边缘变得圆润有质感。在边模式下选中模型的一条或多条边，使用倒角工具（快捷键为M～S）在视图窗口空白处按住鼠标左键并左右拖曳，即可完成倒角的创建，如图3-15所示。

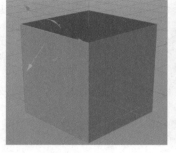

图3-15

在点模式下选中模型的一个或多个点，使用倒角工具在视图窗口空白处按住鼠标左键并左右拖曳，可以拓展模型结构，如图3-16所示。

使用倒角工具时，调整工具属性面板里的"细分"和"深度"可以改变圆角结构。调整"细分"的数值可使倒角结构呈现拱形圆角结构；调整"深度"的百分比可

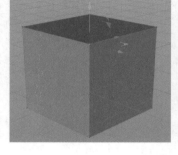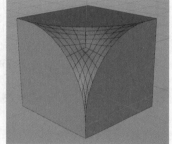

图3-16

以控制圆角朝向。将"深度"调整为"100%"时，形成正向凸出的拱形圆角，将"深度"调整为"-100%"时，形成反向凹下的圆角结构，如图3-17所示。

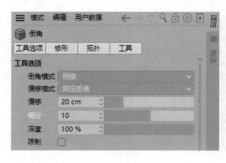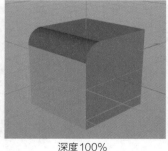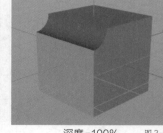

深度100%　　　　　　　　　深度-100%　　　图3-17

知识点 2 挤压工具

使用挤压工具可以增加模型结构，是多边形建模工具中使用频率较高的工具。在面模式下选中一个或多个面，使用挤压工具（快捷键为D）在视图窗口空白处按住鼠标左键并左右拖

曳，可以使所选的面沿着其法线方向挤出一个有厚度的结构，如图3-18所示。

使用挤压工具时，调整工具属性面板里的"偏移"参数，可以精确调整挤压所产生的结构。针对没有体积和厚度的模型，在对选择的面元素使用挤压工具时，需要勾选"创建封顶"，如图3-19所示。

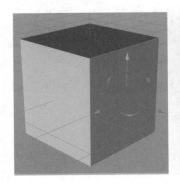

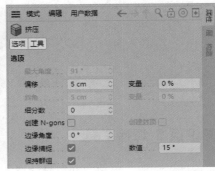

图3-18   图3-19

知识点3 内部挤压工具

使用内部挤压工具可以改变模型的拓扑结构，内部挤压工具和挤压工具一般是配套使用的。在面模式下选中一个或多个面，使用内部挤压工具（快捷键为I）在视图窗口空白处按住鼠标左键并左右拖曳，可以使所的选面扩张或者收缩一定距离，如图3-20所示。

使用内部挤压工具时，调整属性面板里的"偏移"参数，可以精确调整所选面的边缘"偏移"距离，如图3-21所示。

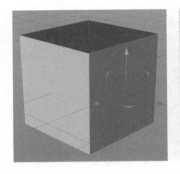

图3-20   图3-21

知识点4 创建点工具

使用创建点工具可以快速在模型的边和面元素上添加点元素，配合移动、旋转和缩放工具能使模型局部结构发生变形。

在边模式下选中模型的一条边，使用创建点工具（快捷键为M～A）在模型边元素的任意位置上单击，即可为所选边添加新的点。改变属性面板里的"边位置"可以精确调整其位置，如图3-22所示。

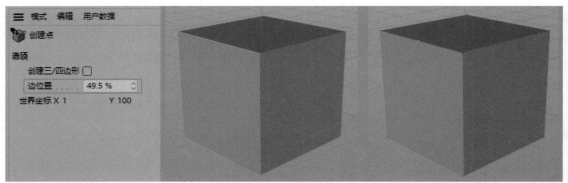

图3-22

知识点5　焊接工具

使用焊接工具可以快速地将模型上的多个点合成为一个点，使模型局部结构发生变形。

　　在点模式下选中两个或多个点，使用焊接工具（快捷键为M～Q）在视图窗口空白处单击，即可完成焊接，如图3-23所示。

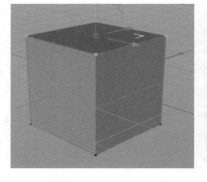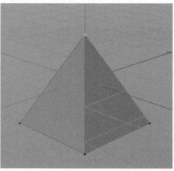

图3-23

　　在点模式下选择同一条边上的两个点，使用焊接工具在所选边的两端或中间单击，可以使焊接点存在于两端或中间，如图3-24所示。

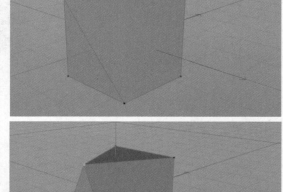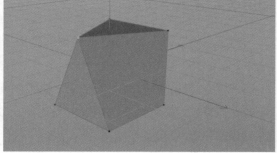

图3-24

知识点 6 滑动工具

使用滑动工具可以使模型的元素沿着延长线方向滑动，从而改变元素位置使模型局部结构发生变形。

在点模式下，使用滑动工具（快捷键为 M ~ O）按住鼠标左键，沿着点所在的边滑动，即可改变点所在边的位置，如图 3-25 所示。

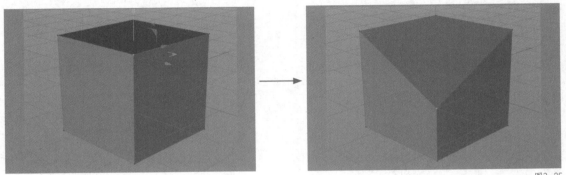

图3-25

在边模式下使用滑动工具在视图窗口空白处按住鼠标左键并左右拖曳，即可改变边所在的位置，如图 3-26 所示。

图3-26

知识点 7 循环选择工具

使用循环选择工具可以快速选择模型中一组不间断的点、边和面元素，便于后期编辑，这一工具的使用频率也很高。

在点、边和面模式下使用循环选择工具（快捷键为 U ~ L）划过模型的不间断的点、边和面元素，它们会高亮显示，此时单击即可快速选择对应元素，如图 3-27 所示。

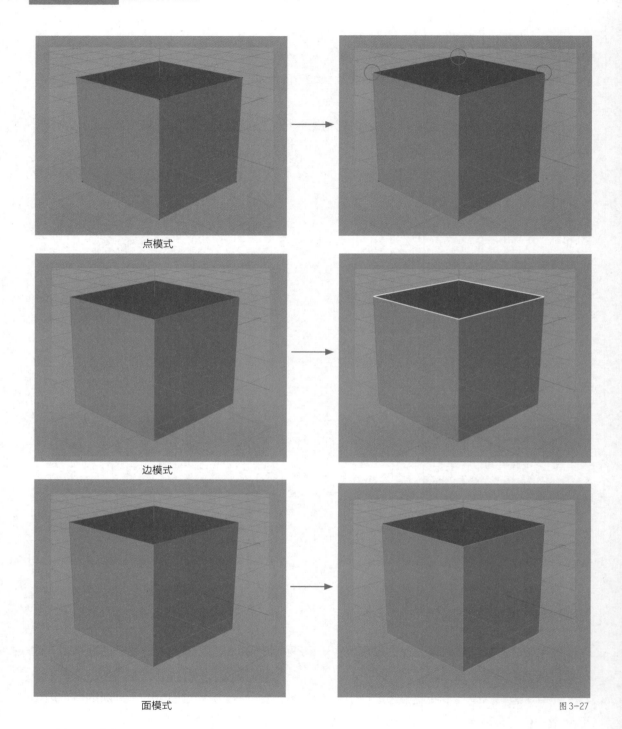

点模式

边模式

面模式

图 3-27

知识点 8 反选工具

使用反选工具可以帮助用户快速选取模型上未被选取的元素。

在已选择模型点、边或面元素的情况下,使用反选工具(快捷键为 U ~ I)即可反选对应元素,如图 3-28 所示。

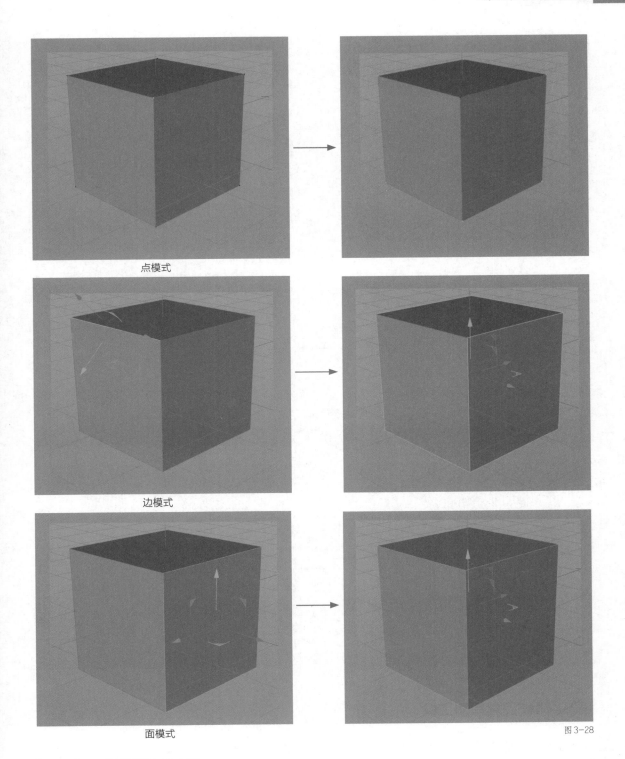

点模式

边模式

面模式

图3-28

知识点 9 拓展选区工具

使用拓展选区工具可以帮助用户快速加选一定范围内存在的元素。

在已选择模型点、边或面元素的情况下，使用拓展选取工具（快捷键为 U ~ Y）即可加选对应元素，如图3-29所示。

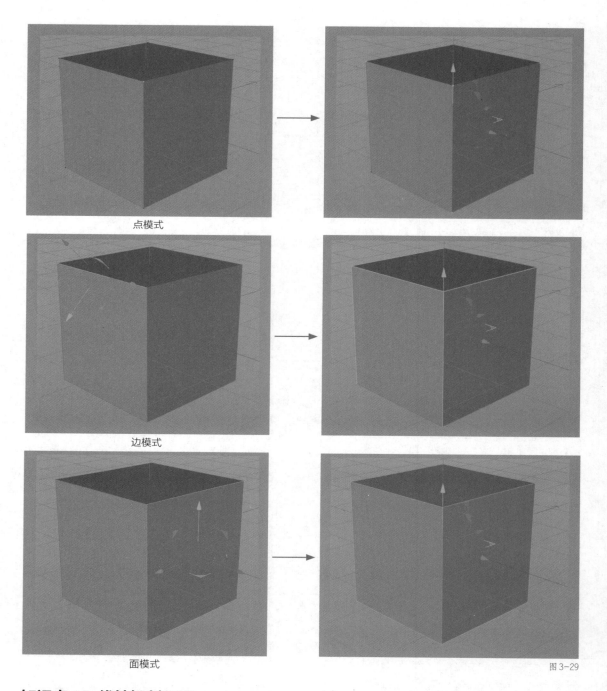

点模式

边模式

面模式

图3-29

知识点 10 线性切割工具

使用线性切割工具可以使模型快速沿着一条自定义的切割线进行元素拆分。在任何编辑模式下，使用线性切割工具（快捷键为 K ~ K）可以为模型添加布线和改变结构。

使用该工具时，单击视图窗口任意空白位置，然后拖曳鼠标指针使切割线经过模型，再次单击即可切割模型。

选择线性切割-切割模式可以改变模型拓扑结构，但是不会破坏模型的完整性，如

图3-30所示。

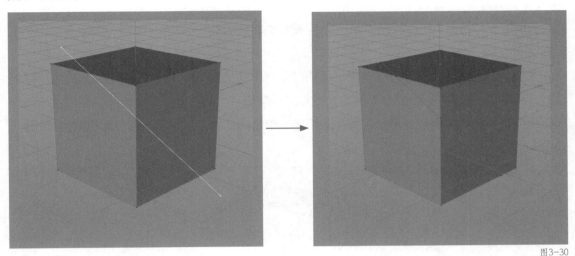

图3-30

选择线性切割-分割模式不仅会改变模型拓扑结构，还会破坏模型的完整性，如图3-31所示。

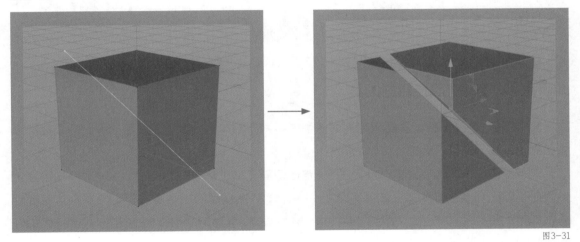

图3-31

选择线性切割-移除A部分模式可以在完整模型上实现挖洞效果，如图3-32所示。

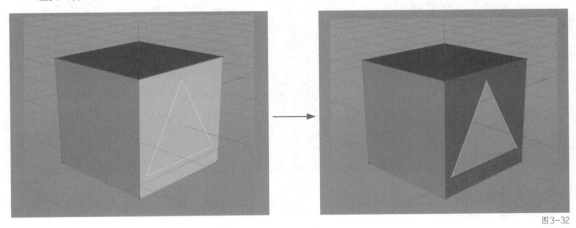

图3-32

知识点 11 平面切刀工具

使用平面切刀工具可以在模型上一次性添加多条切割线，且不会破坏模型的完整性，便于调整模型的局部结构。

在点、边或面模式下均可以使用平面切刀工具（快捷键为K～J）。使用时，先将"平面模式"调整为"全局"，设置"平面"为"XZ"，调整"切割数量"和"间隔"的值，当鼠标指针经过模型时，会出现多条白色高亮的线条，单击确认切割线位置，即可为模型添加布线，如图3-33所示。

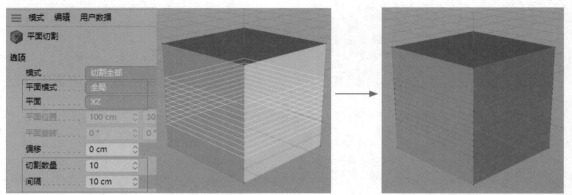

图3-33

知识点 12 循环／路径切割工具

使用循环/路径切割工具能智能拾取模型中不间断的布线结构，并沿着一个轴向快速给模型添加切割线，并且不会破坏模型的完整性。

在点、边或多边形模式下，使用循环/路径切割工具（快捷键为K～L）当鼠标指针经过模型时，该工具会智能拾取一条不间断的切割边，并在视图窗口中高亮显示该切割边，此时单击即可为模型添加布线。改变工具条中的相关参数，可对切割线的数量和位置进行精确调整，如图3-34所示。

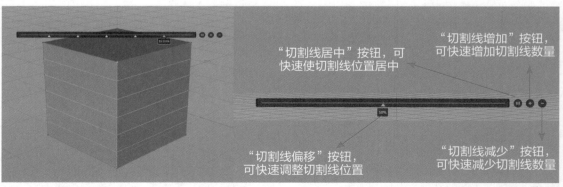

图3-34

知识点 13　消除工具

　　使用消除工具可以去除模型中不需要的边元素和点元素。

　　在边模式下选中模型的一条或者多条边，使用消除工具（快捷键为 M ~ N）在模型上单击，可以减少一条或者多条边，如图3-35所示。

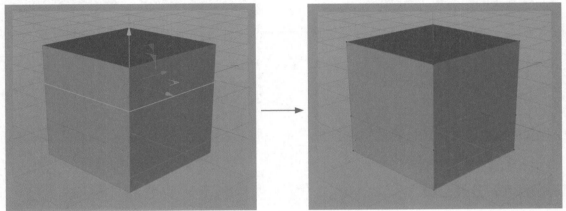

图3-35

知识点 14　溶解工具

　　使用溶解工具可以快速去除模型中不需要的边元素，但所选边的点元素会被保留。

　　在边模式下选中模型的一条或者多条边，使用溶解工具（快捷键为 U ~ Z）在模型上单击，可以快速减少一条或者多条边，如图3-36所示。

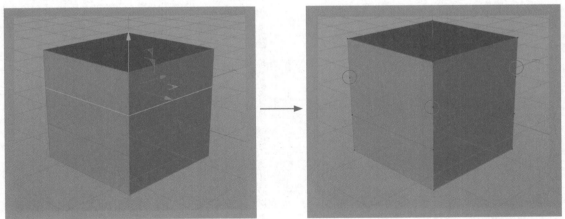

图3-36

知识点 15　断开连接工具

　　使用断开连接工具可以快速拆分模型结构，使元素之间断开连接，从而破坏模型的完整性。

　　在面模式下选中模型的一个或者多个面，使用断开连接工具（快捷键为 U ~ D）在模型上单击，可以使选中的面元素与原模型断开连接。使用位移、缩放和旋转等工具可以单独控制其结构属性，如图3-37所示。

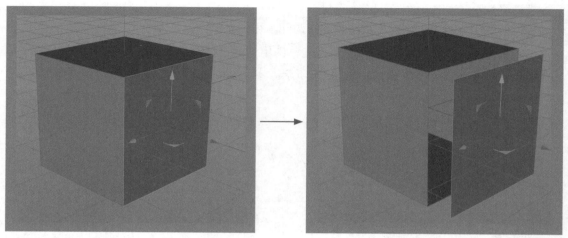

图3-37

知识点 16 分裂工具

使用分裂工具可以快速提取模型结构，还可以在保留模型完整性的同时生成新的元素碎片对象。

在面模式下选中模型的一个或者多个面，使用分裂工具（快捷键为U～P）在模型上单击，选择的面元素会被提取出来，并单独存在于对象面板里面。使用位移、缩放和旋转等工具可以单独控制其结构属性，如图3-38所示。

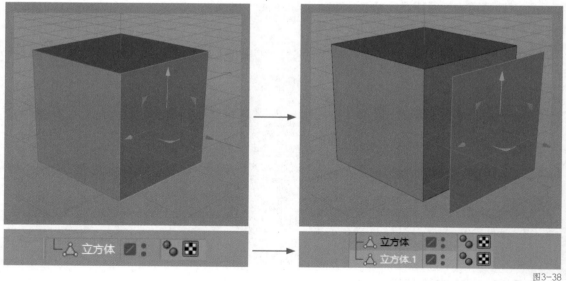

图3-38

提示 在属性面板的菜单栏中执行"模式-工具"命令，可以切换工具属性面板和对象属性面板，如图3-39所示。

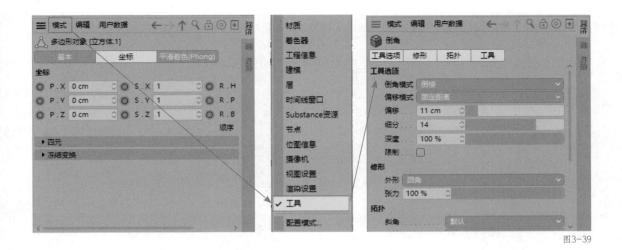

图3-39

第4节 多边形画笔工具

多边形画笔工具具有多样性和高效性，是Cinema 4D中独有的一种多边形创建工具。它不局限于任何元素模式，可以在创建多边形的同时进行元素编辑。在多边形建模过程中，使用普通的编辑工具和它协同建模，会极大地提高工作效率，因此学习和掌握此工具是非常重要的。

在主菜单栏中执行"网格-多边形画笔"命令，可以打开其属性面板，快捷键为M ~ E，如图3-40所示。

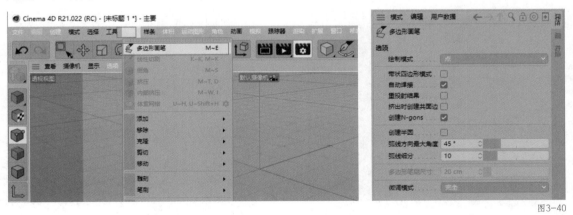

图3-40

知识点1 多边形画笔的使用方法

在点绘制模式下，单击绘制形状，当形状需要闭合时，单击起点或者双击终点即可完成多边形的创建，如图3-41所示。

在边绘制模式下单击选中模型的一条边，按住Ctrl键与鼠标左键左右拖曳，可以直接复制边来产生面结构，如图3-42所示。

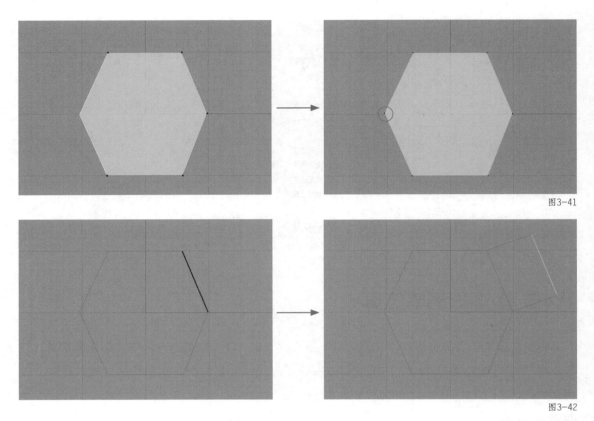

图3-41

图3-42

在面绘制模式下，按住鼠标滚轮左右拖曳可控制画笔笔头大小，在视图窗口空白处按住鼠标左键随意拖曳，即可生成不间断的多边形结构，如图3-43所示。

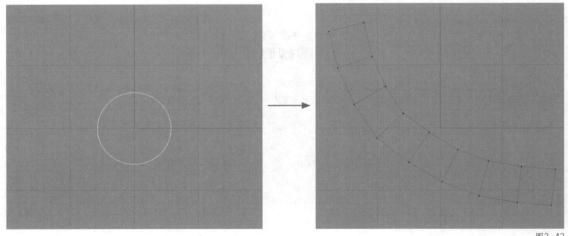

图3-43

在任意一种绘制模式下，将鼠标指针放在模型的面元素上按住Ctrl键与鼠标左键拖曳，即可将选中的面元素拖出一个体积结构，如图3-44所示。

知识点 2 多边形画笔的弧度绘制技巧

在点绘制模式下使用此工具绘制出一条线段，将鼠标指针放置该线段上的任意位置，按

住Ctrl+Shift键左右拖曳鼠标，会产生一条预选高亮的弧度线，单击确认创建弧度结构，松开
Ctrl+Shift键，继续左右拖曳鼠标可以调整其弧度细分，如图3-45所示。

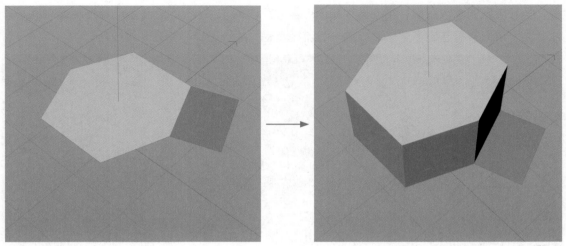

图3-44

在多边形画笔的属性面板中勾选"创建半圆"，重复以上操作，可以快速绘制出一个半圆
结构，松开Ctrl+Shift键，继续左右拖曳鼠标可以调整其弧度细分，如图3-46所示。

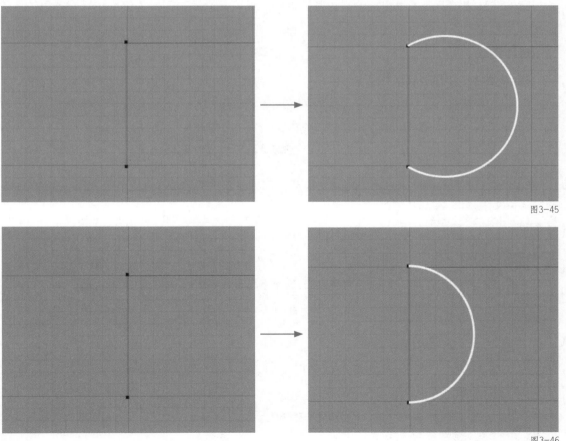

图3-45

图3-46

第5节 多边形场景建模案例

学习应做到学以致用，学完本课知识点需要完成图3-47所示的多边形场景建模案例。完成此案例可以掌握基础多边形建模的一般流程及相关编辑工具的综合使用技巧。

图3-47

案例涉及的知识点主要包括参数对象的使用、模型元素编辑工具的使用和基础场景的渲染设置等，相关建模步骤分解如下。

操作步骤

■ 步骤1 打开基础工程文件

在主菜单栏中执行"文件 – 打开项目"命令，快捷键为Ctrl+O，如图3-48所示。在弹出的"打开文件"对话框中，找到本课素材中的"渲染工程设置"文件夹，选择并打开"渲染工程设置.c4d"文件，如图3-49所示。请在此项目工程文件的基础上完成本案例的制作，如图3-50所示。

图3-48

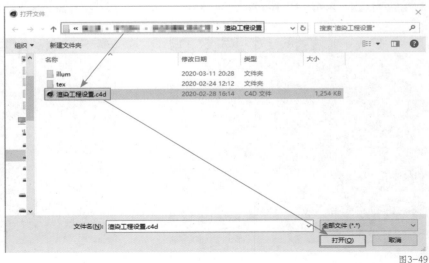

图3-49

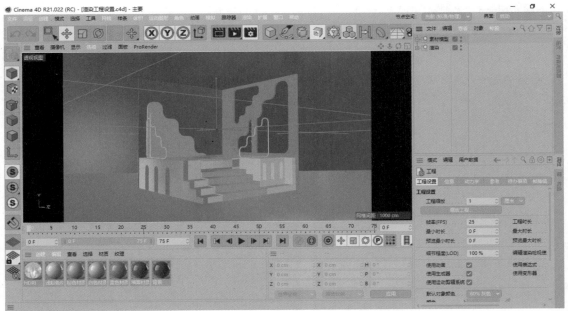

图3-50

■ **步骤2 主体圆锥建模**

01 新建参数对象"圆锥",并调整其对象属性,如图3-51所示。

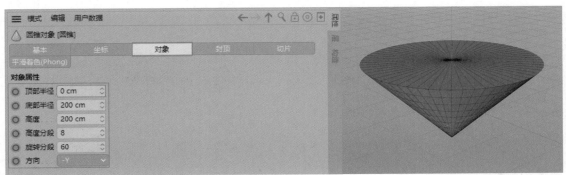

图3-51

02 新建参数对象"圆锥",并调整其对象属性,如图3-52所示。

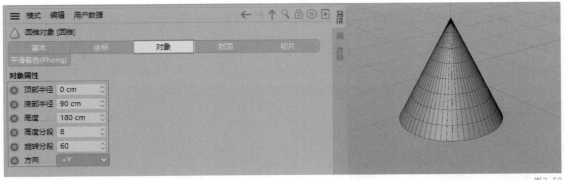

图3-52

■ 步骤3 半圆柱建模

新建参数对象"圆柱",并调整其对象属性,如图3-53所示。创建一个半圆柱后,按住Ctrl键,使用旋转工具旋转复制另一个半圆柱,如图3-54所示。

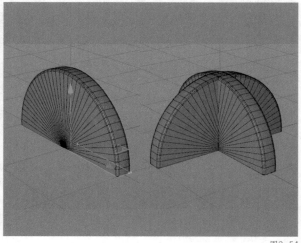

图3-53 图3-54

■ 步骤4 镂空圆柱

01 新建参数对象"圆柱",调整其对象属性,并将圆柱转换为可编辑对象,快捷键为C,如图3-55所示。

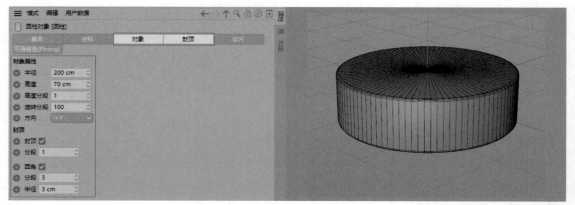

图3-55

02 在面模式下使用循环选择工具(快捷键为U ~ L)选择圆柱纵向的一圈面,如图3-56所示。

03 使用内部挤压工具(快捷键为I),在其属性面板中取消勾选"保持群组"选项,将鼠标指针放在视图窗口空白处,按住鼠标左键并向左拖曳,使选中的面往里收缩一定距离,如图3-57所示。

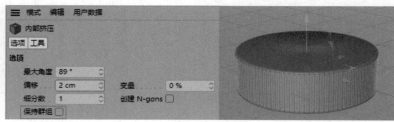

图3-56 图3-57

04 使用挤压工具（快捷键为D），在其属性面板中取消勾选"创建封顶"选项，将鼠标指针放在视图窗口空白处，按住鼠标左键并向左拖曳，使收缩后的面往里挤出一个凹槽结构，如图3-58所示。

05 按Delete键删除挤压后剩下的面元素，如图3-59所示。

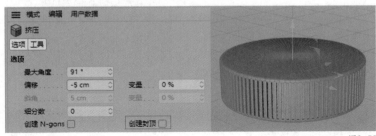

图3-58

图3-59

06 使用轮廓选择工具（快捷键为U～Q），选中模型凹陷处的边，如图3-60所示。

07 使用反选工具（快捷键为U～I），选中模型剩余的边，如图3-61所示。

08 在选中边的前提下按住Ctrl键并单击点模式按钮，将边切换为点，如图3-62所示。

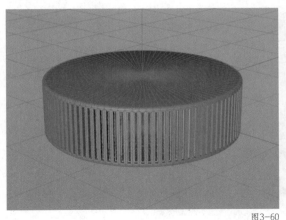

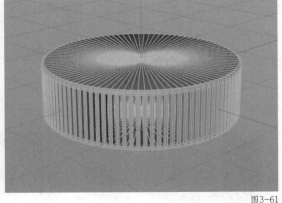

图3-60

图3-61

09 使用框选工具，按住Ctrl键与鼠标左键拖曳减选不需要的点，如图3-63所示。

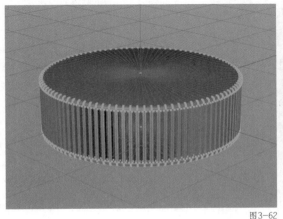

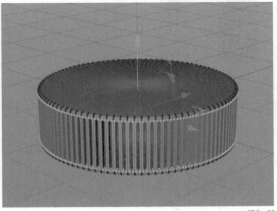

图3-62

图3-63

10 在选中点的情况下按住Ctrl键并单击边模式按钮，将点切换为边，如图3-64所示。

11 使用倒角工具（快捷键为M ～ S）将鼠标指针放在视图窗口空白处，按住鼠标左键并向右拖曳以创建倒角结构，为模型增加细节，如图3-65所示。

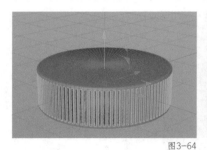

图3-64

图3-65

■ 步骤5　完成场景搭建

运用上述建模技巧完成剩余模型，效果如图3-66所示。

■ 步骤6　激活摄像机来调整构图

在对象面板中找到"渲染"对象层下的"摄像机"对象层，单击右边的▧图标，激活渲染摄像机，如图3-67所示。

图3-66

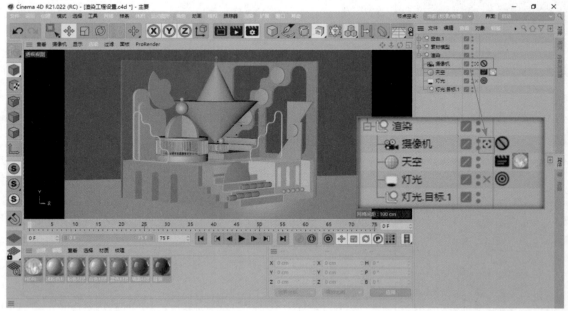

图3-67

■ 步骤7　添加材质

选择材质面板里的颜色材质球，将其拖曳到对应的模型上，即可为单个模型添加材质，如图3-68所示。

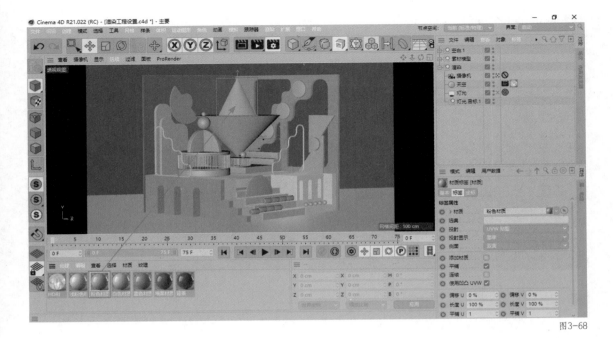

图3-68

■ **步骤8 渲染输出**

01 单击工具栏中的"渲染设置"按钮
，打开"渲染设置"窗口。勾选窗
口左侧的"保存"，在右侧面板中更改
图片保存路径，并自定义一个文件名，
如图3-69和图3-70所示。

02 在"渲染设置"窗口中选择保存，
设置格式为"PNG"或"JPG"，如
图3-71所示。

03 关闭渲染设置窗口，单击工具栏中
的"渲染到图片查看器"按钮，快
捷键为Shift+R。

图3-69

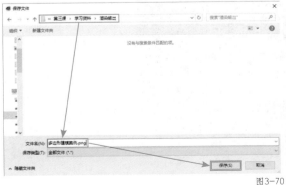

图3-70

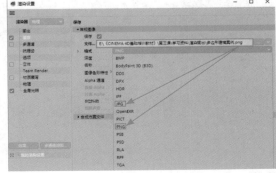

图3-71

04 完成以上步骤后，软件会自动进入到"图片查看器"窗口，如图3-72所示。等待画面中所有方形格子消失或界面左下角的进度条读完，即代表图片渲染已完成，如图3-73所示。渲染完成后的图片将自动保存到设置好的保存路径下，如图3-74所示。

图3-72

图3-73

05 在"图片查看"窗口中选择"滤镜"选项卡，勾选"激活滤镜"，可对图片进行后期调色，如图3-75所示。如要保存调色后的图片，可在"图片查看器"窗口菜单栏中执行"文件–将图像另存为"命令，快捷键为Ctrl+Shift+S。在"保存"对话框中勾选

图3-74

"使用滤镜"选项，单击"确定"，再在"保存对话"对话框中更改保存路径和文件名称，单击"保存"即可，如图3-76所示。调色后的图片也将保存至指定路径下，如图3-77所示。

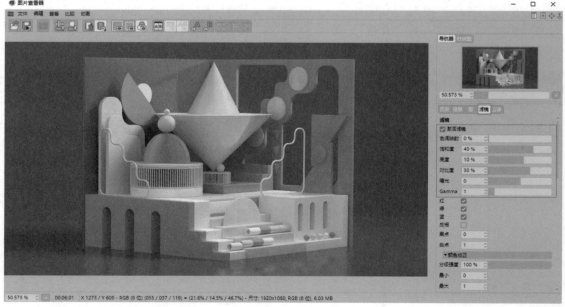

图3-75

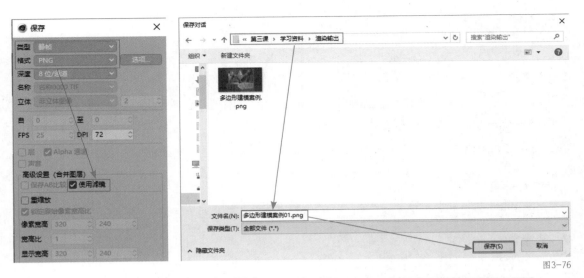

图3-76

至此，本案例已经讲解完毕，请扫描图3-78所示二维码观看本案例详细操作视频。

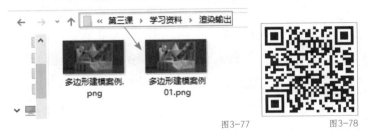

图3-77　　　　　　　　图3-78

　　本课涉及的相关知识点较多，建议读者反复练习相关操作。初学者学习Cinema 4D，打好建模基础是很重要的，模型质量的高低将会影响整个作品的优劣。针对本章案例，建议读者熟练掌握相关建模知识点后，自行创建创意模型、丰富场景效果，完成一个自己满意的多边形建模作品。

本课练习题

1. 填空题

（1）_____工具可以改变模型结构并添加细节，使模型边缘变得圆润有质感。

（2）消除工具可以去除模型中不需要的_____和_____，快捷键为_____。

（3）Cinema 4D中独有的一款多边形创建工具是_____，快捷键为_____。

参考答案：

（1）倒角 （2）边元素、点元素、M～N （3）多边形画笔工具、M～E

2. 选择题

（1）下列选项中哪一个是循环选择工具的快捷键（　　　）。

A．U～B 　　　　B．U～L 　　　　C．U～I 　　　　D．U～D

（2）在选中点、边或面元素的情况下，按住（　　　）键并单击模式按钮可直接切换为相应元素类型。

A．Alt 　　　　B．Shift 　　　　C．Ctrl 　　　　D．Ctrl+Shift

（3）在使用多边形画笔工具时，按住（　　　）键配合鼠标左键可以绘制一个弧度结构。

A．Ctrl+Alt 　　　B．Shift+Alt 　　　C．Ctrl+Shift 　　　D．Ctrl+Shift+Alt

（4）（　　　）可以提取模型结构，还可以在保留模型完整性的同时生成新的对象。

A．提取工具 　　　B．断开连接工具 　　　C．溶解工具 　　　D．分裂工具

参考答案：

（1）B （2）C （3）C （4）D

第 **4** 课

样条建模

本课将讲解Cinema 4D中样条工具的使用方法。首先讲解样条建模的大概流程，然后对样条工具及用样条工具建模需要的一系列辅助工具进行详细讲解。例如样条画笔工具可以绘制样条，也可以对样条做进一步的修改；样条专属生成器工具可以使样条快速变为实体模型，是样条建模必不可少的工具。

本课知识要点
◆ 样条建模流程
◆ 参数样条的基本属性
◆ 样条画笔
◆ 样条布尔
◆ 样条生成器
◆ 场景案例操作

第1节 样条建模流程

样条建模可以解决多边形建模的单一化问题。样条需要结合样条生成器才可以创建出模型。样条生成器可以快速制作出很多形状。

样条建模首先需要添加样条。在工具栏中长按"样条"按钮✐，展开样条工具组，选择花瓣工具 ✻ 花瓣 ，如图4-1所示。

图4-1

然后添加样条生成器。长按"样条生成器"按钮⬡，展开样条生成器工具组，选择挤压工具 ⬡ 挤压 ，如图4-2所示。

图4-2

将对象面板中将"花瓣"拖曳到"挤压"中，拖曳时鼠标指针旁会出现↓，如图4-3所示。此时，松开鼠标左键，"花瓣"就会在"挤压"下级，"花瓣"经过挤压变为模型，如图4-4所示。

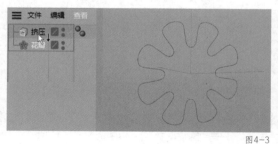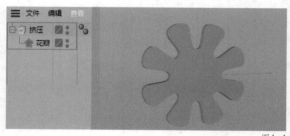

图4-3

图4-4

第2节 参数样条

参数样条是可以无限次调整的样条，可以在参数样条的属性面板中对其进行调整。参数样条多为基础形状，例如圆弧、圆环和矩形等。

知识点1 初识参数样条

参数样条位于样条工具组内，如图4-5所示。

图4-6所示为使用默认参数的样条，图4-7所示为修改参数后的样条。

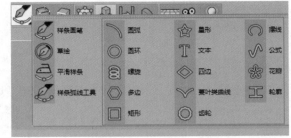

图4-5

知识点2 参数样条的基本属性

每个参数样条都有属于自己的属性面板，可以根据具体需求对参数样条反复进行参数化编辑。若想对其进行自由编辑，则必须将其转换为可编辑对象，快捷键为C。转换后的样条将不能再进行参数化编辑。

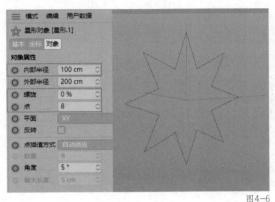

图4-6

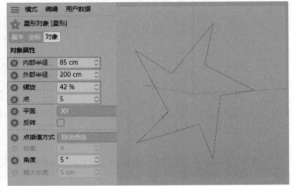

图4-7

提示 将参数样条转换为可编辑对象也可以称为将样条"C掉"。

1. 圆弧

圆弧的基础形状如图4-8所示。圆弧的属性面板如图4-9所示。

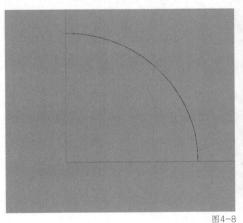

图4-8

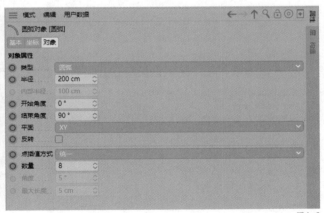

图4-9

圆弧的类型有4种，依次为"圆弧""扇区""分段"和"环状"，如图4-10所示。"半径"决定圆弧的半径，如图4-11所示。

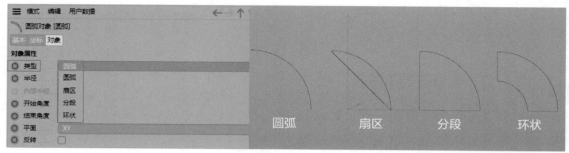

图4-10

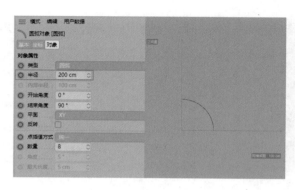

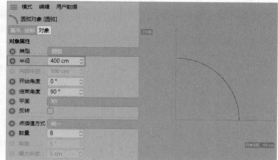

图4-11

"内部半径"只有在环状类型下才可编辑,如图4-12所示。

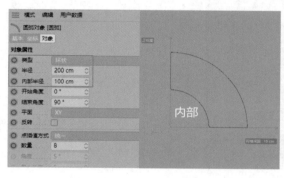

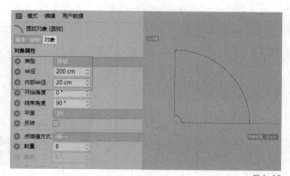

图4-12

"开始角度"和"结束角度"决定圆弧的起始和结束位置,如图4-13所示。

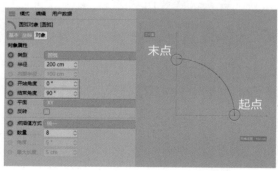

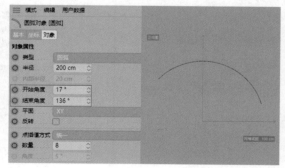

图4-13

"平面"决定圆弧的方向,有XY、ZY和XZ,如图4-14所示。

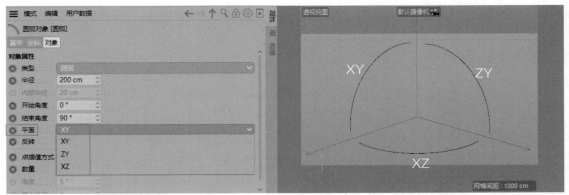

图4-14

2. 圆环 ○ 圆环

圆环的基础形状如图4-15所示。圆环的属性面板如图4-16所示。

图4-15

图4-16

勾选"椭圆"选项后，圆环会变成椭圆环，第二个"半径"参数才可以使用。两个"半径"分别决定椭圆长轴和短轴的长度，如图4-17所示。

勾选"环状"选项后，圆环变成环状，"内部半径"参数才可以使用。"内部半径"决定圆环内部圆的半径，4-18所示。

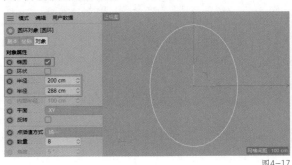

图4-17

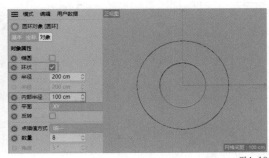

图4-18

3. 螺旋 ⊗ 螺旋

螺旋的基础形状如图4-19所示。螺旋的属性面板如图4-20所示。

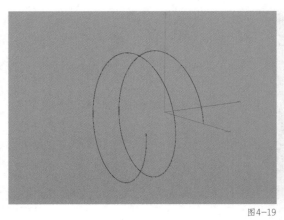
图4-19

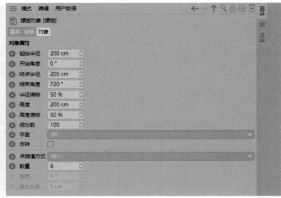
图4-20

"起始半径"和"终点半径"决定螺旋起点和终点对应的半径大小，如图4-21所示。

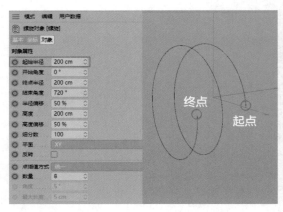

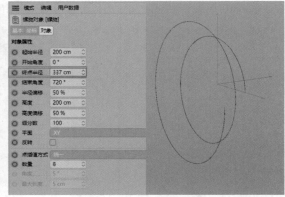
图4-21

"半径偏移"决定螺旋半径的偏移程度，如图4-22所示。

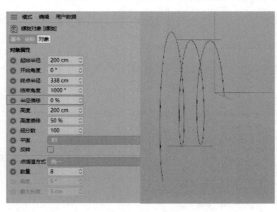

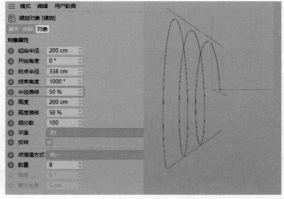
图4-22

"高度"决定螺旋的高度，如图4-23所示。"高度偏移"决定螺旋在高度方向上的偏移程度，如图4-24所示。

4. 多边 多边

多边的基础形状如图4-25所示。多边的属性面板如图4-26所示。

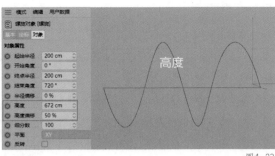

图4-23

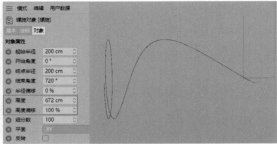

图4-24

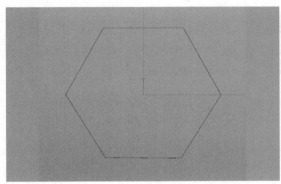

图4-25

图4-26

"侧边"决定多边形的边数，如图4-27所示。

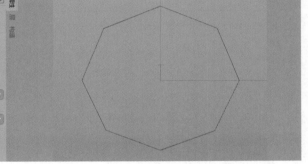

图4-27

勾选"圆角"选项后，多边形的尖角变为圆角，下方的"半径"参数才可以使用，"半径"决定圆角半径大小，如图4-28所示。

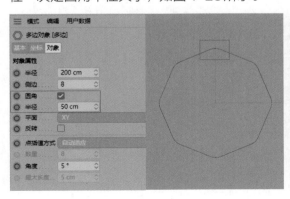

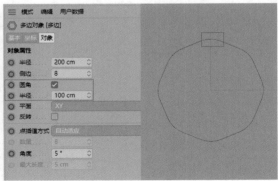

图4-28

5. 矩形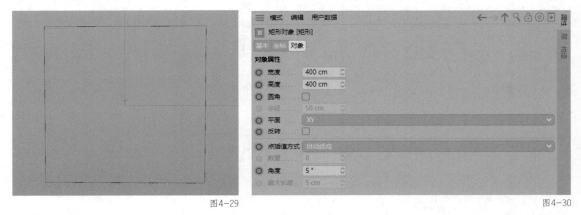

矩形的基础形状如图4-29所示。矩形的属性面板如图4-30所示。

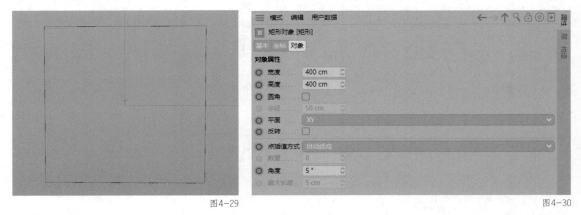

图4-29   图4-30

勾选"圆角"选项后，矩形将变为圆角矩形，可以通过"半径"来调整圆角的半径大小，如图4-31所示。

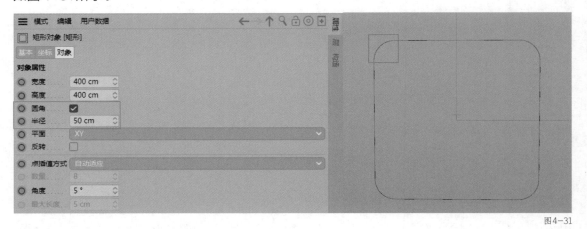

图4-31

6. 星形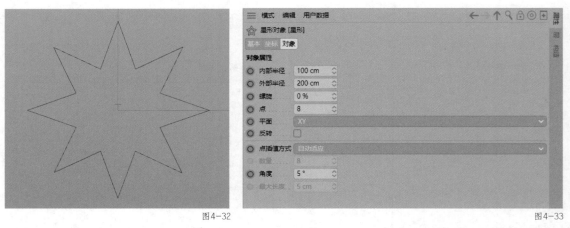

星形的基础形状如图4-32所示。星形的属性面板如图4-33所示。

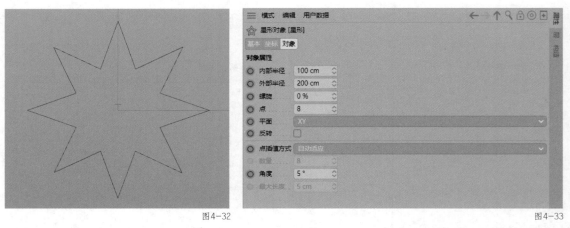

图4-32   图4-33

"内部半径"和"外部半径"分别决定星形内部顶点和外部顶点对应的半径大小，如

图4-34所示。

"螺旋"决定星形内部顶点的螺旋程度，如图4-35所示。

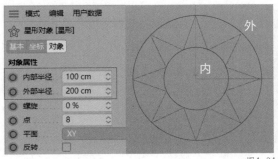
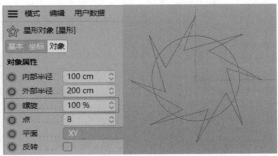

图4-34

图4-35

7. 文本 ⊤ 文本

文本的基础形状如图4-36所示。文本的属性面板如图4-37所示。

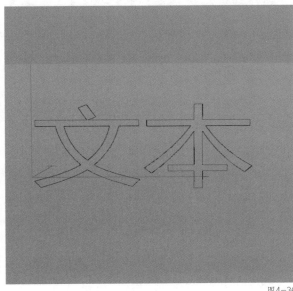
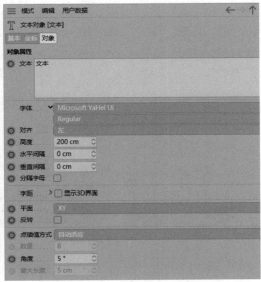

图4-36

图4-37

"文本"决定文本的内容，可以在文本框内输入需要创建的文字，如图4-38所示。

图4-38

"对齐"决定文本的对齐方式，包括"左""中对齐"和"右"3种对齐方式，如图4-39所示。

> **提示** 对齐时以坐标轴为参考进行对齐。

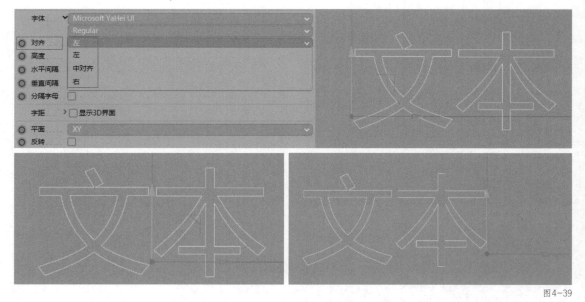

图4-39

"水平间隔"和"垂直间隔"决定横排文本和竖排文本的间隔距离，如图4-40所示。

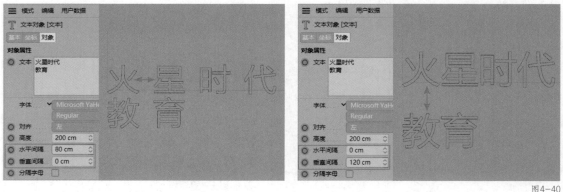

图4-40

勾选"分隔字母"后，当文本对象转换为可编辑对象时，每个文字会被分离为各自独立的对象，如图4-41所示。不勾选"分隔字母"，当文本对象转换为可编辑对象时，文字则合并为一个对象，如图4-42所示。

图4-41

图4-42

8. 四边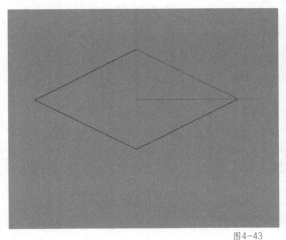

四边的基础形状如图4-43所示。四边的属性面板如图4-44所示。

图4-43 　　　　　　　　　　　　　　　　　　　　　　　　　图4-44

四边的类型有4种，依次为"菱形""风筝""平行四边形"和"梯形"，如图4-45所示。

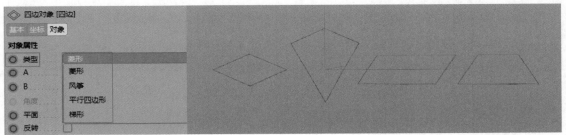

图4-45

A和B分别决定四边的A和B的长度，如图4-46所示。

9. 蔓叶类曲线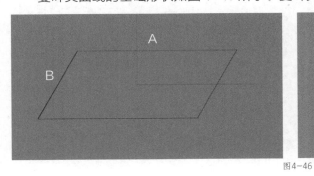

蔓叶类曲线的基础形状如图4-47所示。蔓叶类曲线的属性面板如图4-48所示。

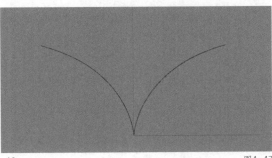

图4-46 　　　　　　　　　　　　　　　　　　　　　　　　　图4-47

蔓叶类曲线的类型有3种，依次为"蔓叶""双扭"和"环索"，如图4-49所示。

"张力"决定曲线之间伸缩的幅度，如图4-50所示。"张力"只能用于控制"蔓叶"和"环索"两种类型的曲线。

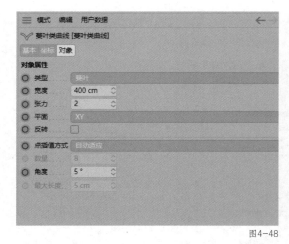

图4-48

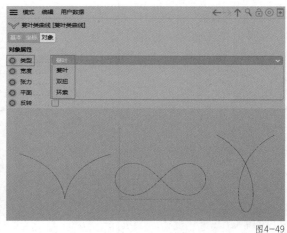

图4-49

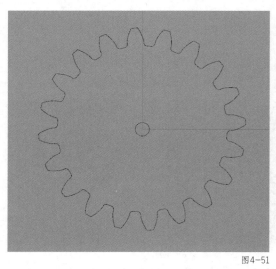

图4-50

10. 齿轮

齿轮的基础形状如图4-51所示。齿轮的属性面板如图4-52所示。

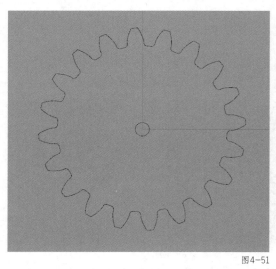

图4-51

图4-52

"齿"决定齿的数量,"齿"数量越多齿轮越密,如图4-53所示。

11. 摆线

摆线的基础形状如图4-54所示。摆线的属性面板如图4-55所示。

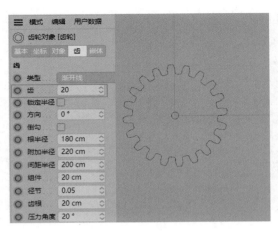 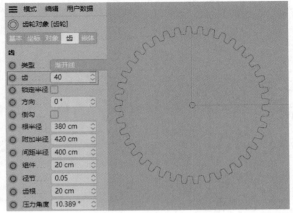

图4-53

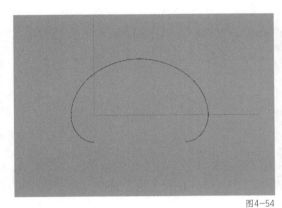 

图4-54   图4-55

摆线的类型有3种，依次为"摆线""外摆线"和"内摆线"，如图4-56所示。

图4-56

12. 公式 ✓ 公式

公式的基础形状如图4-57所示。公式的属性面板如图4-58所示。

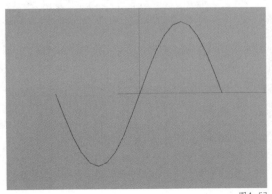 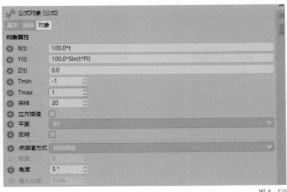

图4-57   图4-58

Tmin和Tmax可以控制公式的波浪数量，如图4-59所示。

"采样"可以控制公式的平滑度，如图4-60所示。

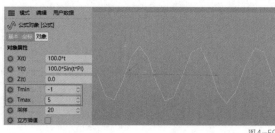
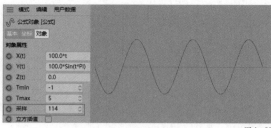

图4-59　　　　　　　　　　　　　　　　　　　　图4-60

13. 花瓣

花瓣的基础形状如图4-61所示。花瓣的属性面板如图4-62所示。

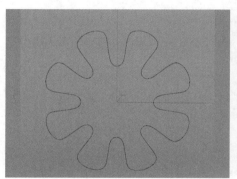

图4-61　　　　　　　　　　　　　　　　　　　　图4-62

"花瓣"决定花瓣的数量，如图4-63所示。

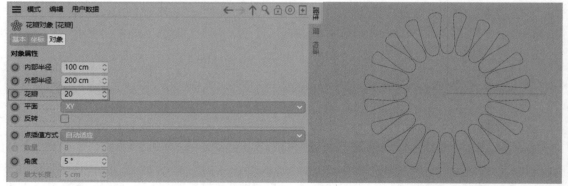

图4-63

14. 轮廓

轮廓的基础形状如图4-64所示。轮廓的属性面板如图4-65所示。

轮廓的类型有5种，依次为"H形状""L形状""T形状""U形状"和"Z形状"，如图4-66所示。

b、s和t分别控制这3个区域的宽度，如图4-67所示。

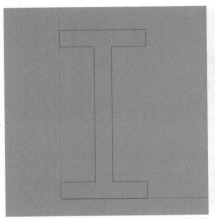

图4-64

图4-65

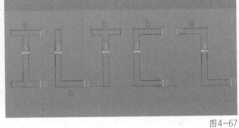

图4-66

图4-67

第3节 样条画笔

使用样条画笔可以在视图窗口上随意进行绘制，适用于不规则图形的绘制。样条画笔分为4种，即"样条画笔""草绘""平滑样条"和"样条弧线工具"。

知识点1 初识样条画笔

样条画笔位于样条工具组内，如图4-68所示。

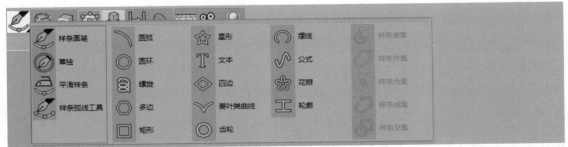

图4-68

使用样条画笔时，应尽量避免在透视视图内进行绘制，透视视图具有的空间关系可能会使绘制的点不在一条水平面上。视图正面看似水平的样条，侧面看却不在一条水平面上，如图4-69所示。绘制样条时建议在正视图、右视图、顶视图进行绘制以确保位置的准确性。

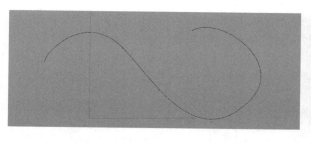 

图4-69

若想绘制多条独立样条，则绘制完成一条样条后，在对象面板空白处单击再进行绘制，就会产生一条新的样条，如图4-70所示。若在选中样条的情况下继续绘制样条，则绘制的是一条样条的多个分段，如图4-71所示。

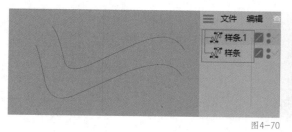 

图4-70 图4-71

知识点 2 样条画笔的基本属性及使用方式

样条画笔的属性通常需要在绘制前进行修改。

1. 样条画笔

样条画笔的属性面板如图4-72所示。画笔类型有5种，分别为"线性""立方""Akima""B-样条"和"贝塞尔"，如图4-73所示，其中"贝塞尔"和"线性"较为常用。

● "贝塞尔"类型画笔通常用来绘制带有曲线的形状，绘制时控制点带有手柄，拖曳手柄可自由调控曲线的形状。

使用画笔时，在视图窗口中按住鼠标左键拖曳，即可出现控制手柄；绘制下一控制点时进行同样的操作，两个控制点之间会形成曲线，操控手柄即可调整曲线形状，如图4-74所示。绘制结束后，按Esc键即可断开连接。

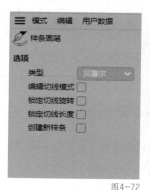 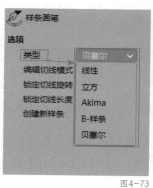 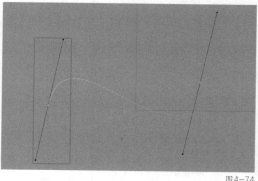

图4-72 图4-73 图4-74

手柄的类型分为刚性插值和柔性插值，选中操控点在空白处单击鼠标右键，即可打开快捷菜单。"刚性插值"表示将该控制点转换为无手柄状态，如图4-75所示；"柔性插值"表示将该控制点转换为有手柄状态，如图4-76所示。

图4-75　　　　　　　　　　　　　　　　　　　图4-76

若想控制单边手柄，按住Shift键不松手，使用鼠标左键拖曳单边手柄即可，如图4-77所示。

样条绘制完成后若想添加控制点，可选择画笔并在添加位置单击鼠标右键，打开快捷菜单，选择"添加"点即可，如图4-78所示。

提示　若想删除控制点，选中控制点按Delete键即可删除。

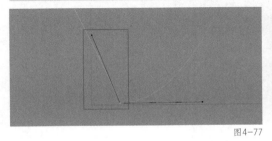

图4-77　　　　　　　　　　　　　　　　　　　图4-78

- "线性"类型画笔通常用来绘制直线，绘制时没有手柄，控制点为刚性插值，如图4-79所示。
- "立方"和"Akima"类型画笔都不常用，可以绘制曲线，但控制点没有手柄，如图4-80所示。

图4-79　　　　　　　　　　　　　　　　　　　图4-80

- "B-样条"类型画笔可以绘制曲线，但控制点没有手柄并且不在样条上，所以不适合绘制精准图形，如图4-81所示。

2. 草绘

使用草绘画笔可以在视图窗口中随笔涂鸦，这种画笔有很强的手绘效果，缺点是控制点过多、不易调整，如图4-82所示。

草绘画笔的属性面板中的参数基本保持默认即可。勾选"闭合样条"，未封闭的口会自动封闭，如图4-83所示。

图4-81

图4-82

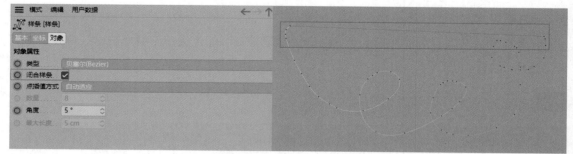

图4-83

3. 平滑样条

平滑样条画笔没有绘制样条的功能，但可以结合草绘画笔使用，将不平滑的样条变得相对平滑，并且会减少控制点，如图4-84所示。

平滑样条画笔属性面板中的参数可以调节画笔大小、强度及平滑程度，如图4-85所示。

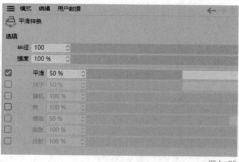

图4-84

图4-85

4. 样条弧线工具

使用样条弧线工具可以绘制出标准的弧形，但其实用性不高。绘制时两点之间会自动出现圆弧，如图4-86所示。

样条弧线工具的属性面板如图4-87所示。

第4节 样条布尔

样条布尔是作用于多个样条之上的，实现样条与样条之间的计算功能，可以进行相加、相减、相乘等运算，这些效果被统称为"样条布尔"。

图4-86   图4-87

知识点1 初识样条布尔

样条布尔工具位于样条工具组内，如图4-88所示。

样条布尔是没有属性面板的，它的所有类型都在样条工具组内，只有选中多个样条时才会被激活。

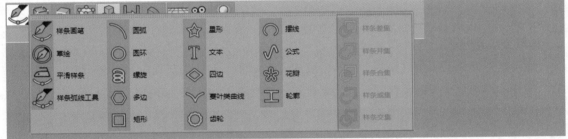

图4-88

知识点2 样条布尔的基本属性及使用方式

样条工具组内的样条布尔都是一次性的，因为没有属性面板，所以不能进行反复调整。

1. 样条差集

使用样条差集工具可以使两个样条相减。使用时选择两个样条，单击"样条差集"按钮，即可减去重合部分，如图4-89所示。

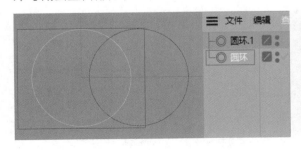

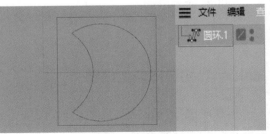

图4-89

2. 样条并集 样条并集

使用样条并集工具可以使两个样条相加。使用时选择两个样条，单击"样条并集"按钮即可将其相加，如图4-90所示。

3. 样条合集 样条合集

使用样条合集工具可以使两个样条相交。使用时选择两个样条，单击"样条合集"按钮即可留下重合部分，如图4-91所示。

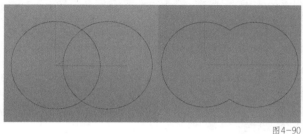

图4-90

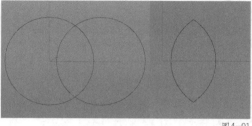

图4-91

4. 样条或集 样条或集

使用样条或集工具可以使两个样条相交部分减掉。使用时选择两个样条，单击"样条或集"按钮即可将重合部分减掉，如图4-92所示。

5. 样条交集 样条交集

使用样条交集工具可以使两个样条分离成3个线段。使用时选择两个样条，单击"样条交集"按钮即可将两个样条重合部分及没重合部分分割成3个线段，如图4-93所示。

图4-92

图4-93

第5节 样条生成器

样条生成器只作用于样条之上。它的作用是使样条变为实体模型，因此样条建模离不开样条生成器。Cinema 4D中还有很多生成器，本节仅讲解样条专属生成器，在第5课"生成器"中会详细讲解生成器的应用。

知识点 1 初识样条生成器

样条生成器有独立的工具组，如图4-94所示。

样条生成器需要作为父级使用，使用时将样条拖入生成器下作为其子级即可起作用，如图4-95所示。

图4-94

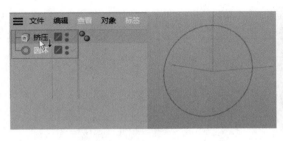

图4-95

知识点 2 样条生成器的基本属性及使用方式

每个样条生成器都有属于自己的属性面板，其中的参数都可以反复进行修改。

1. 挤压

使用挤压生成器可以使样条挤出厚度。在样条封闭的情况下，使用挤压生成器会形成一个面并挤出厚度，如图4-96所示；在样条开放的情况下，则只会挤出厚度而不会形成面，如图4-97所示。

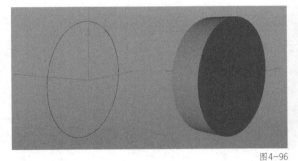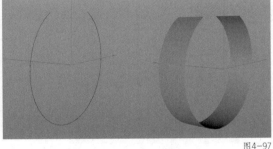

图4-96 图4-97

在挤压生成器的属性面板中，需要掌握对象选项卡和封盖选项卡的应用，如图4-98所示。

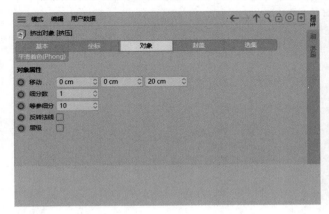

图4-98

在对象选项卡中，"移动"决定挤出方向，其后的3个数值分别代表 x 轴、y 轴和 z 轴3个轴向；"细分数"决定挤出厚度细分为几份值，如图4-99所示。

在封盖选项卡中，"倒角外形"决定倒角的形状，依次有"圆角""曲线""实体"和"步幅"4个选项，如图4-100所示；"尺寸"决定倒角的大小。

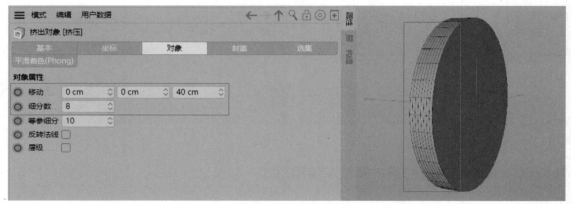

图4-99

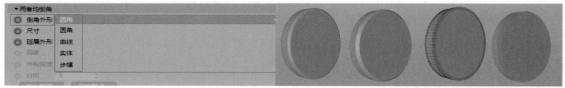

图4-100

2. 旋转

使用旋转生成器可以使样条以世界坐标轴中心为中点进行旋转，从而生成一个模型，常用于制作圆柱状的对称模型，如图4-101所示。

旋转生成器的属性面板如图4-102所示。

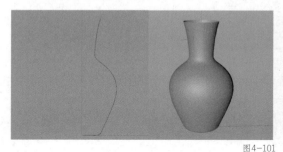

图4-101

图4-102

"角度"决定旋转的角度，如图4-103所示。

"移动"决定旋转的位置，如图4-104所示。

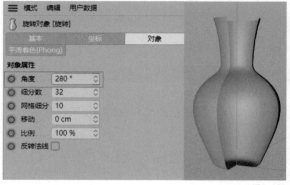

图4-103

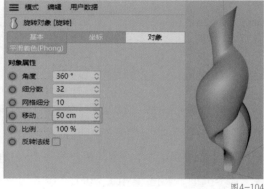

图4-104

"比例"控制旋转缩放的程度，如图4-105所示。

3. 放样

使用放样生成器可以将多个样条进行连接，从而生成一个模型，如图4-106所示。

放样生成器的属性面板如图4-107所示。

"网孔细分U"和"网孔细分V"决定放样的竖向和横向细分数，如图4-108和图4-109所示。

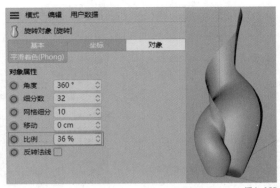

图4-105

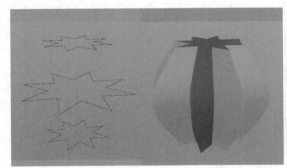

图4-106

图4-107

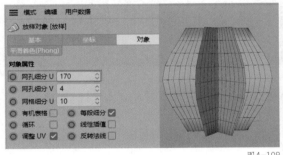

图4-108

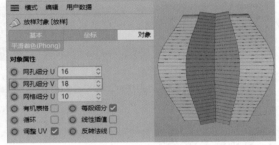

图4-109

4. 扫描

扫描生成器需要有两个样条才能使用，一条作为路径样条，另一条作为形状样条。形状在上，路径在下，形状会扫描路径的位置，从而生成一个模型，如图4-110所示。

提示 生成后的模型粗细由形状样条的大小决定，形状样条的方向为默认z轴。

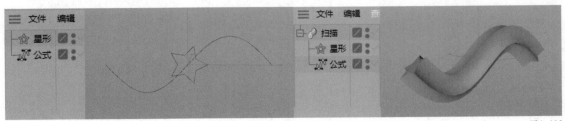

图4-110

扫描生成器的属性面板如图4-111所示。

"终点缩放"决定模型尾端的大小，如图4-112所示。

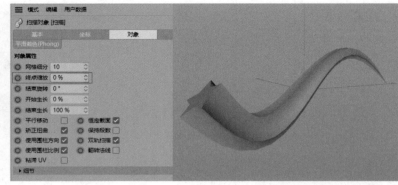

图4-111   图4-112

"结束旋转"决定模型尾端的旋转程度，如图4-113所示。

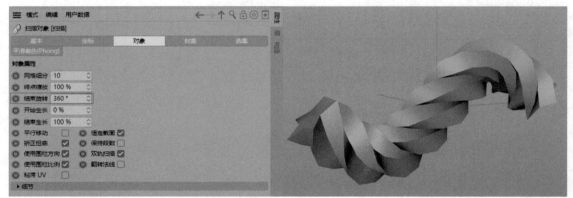

图4-113

"开始生长"和"结束生长"决定模型距离路径样条开始点和结束点的距离，如图4-114所示。

5. 样条布尔

样条布尔生成器和之前所讲的样条工具组中的样条布尔工具很相似，不同的是样条布尔生成器有属性面板，可以在其中对其进行反复操作。

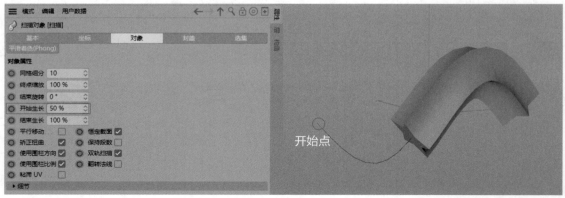

图4-114

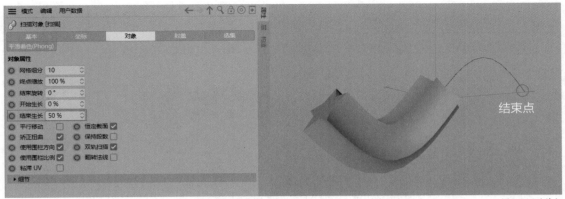

图4-114（续）

样条布尔生成器的属性面板如图4-115所示。它的计算方式在对象选项卡的"模式"下拉列表内，如图4-116所示。

图4-115

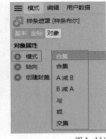

图4-116

"样条布尔"的子级中有两个样条，上为A、下为B，如图4-117所示。

"模式"中的计算效果和样条工具组中的样条布尔的计算效果一样，只多了"A减B"与"B减A"两个选项，如图4-118所示。

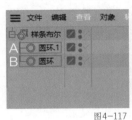

图4-117

图4-118

第6节 鲸场景案例

掌握了样条工具及一系列样条建模辅助工具后，本节结合前面讲的知识制作图4-119所示的鲸场景，以进一步熟悉样条建模流程及建模工具的使用方法。

操作步骤

■ 步骤1 制作鲸的脑袋部分

制作图4-120所示鲸的头部会用到矩形、圆环、布尔和挤压工具。

01 利用矩形参数样条作为基础图形，C掉（转为可编辑对象）后选中右下方的控制点，在视图窗口空白处单击鼠标右键，执行"倒角"命令，如图4-121所示。

02 选择倒角工具后，在视图窗口空白处按住鼠标左键并反复拖曳，倒出一个较大的圆角，如图4-122所示。然后选择其余3个点进行同样的操作，倒出较小的圆角，如图4-123所示。

图4-119

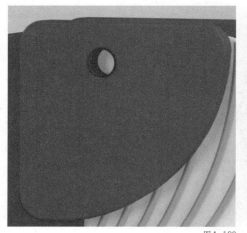

图4-120

图4-121

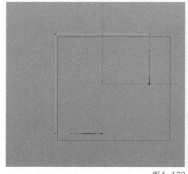

图4-122

图4-123

03 利用圆环参数样条制作眼睛部分，如图4-124所示。选择矩形及圆环，单击"样条或集"按钮，减去两个样条相交的部分，如图4-125所示。

04 选择挤压生成器并将其加载到对象面板中，然后拖曳样条到"挤压"下，如图4-126所示。

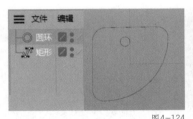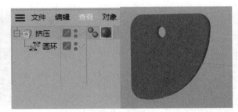

图4-124　　　　　　　　图4-125　　　　　　　　图4-126

05 在挤压生成器的封盖选项卡中将"尺寸"调整为"3cm"，制作出圆角部分，如图4-127所示。

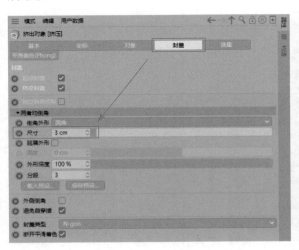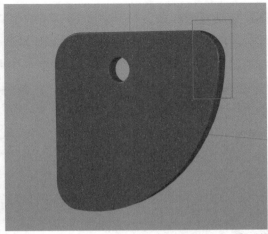

图4-127

■ **步骤2　制作鲸须部分**

制作图4-128所示的鳃须部分会用到样条画笔、圆环和扫描工具。

01 利用样条画笔工具绘制出曲线，如图4-129所示。添加圆环样条，并调整它们的大小，如图4-130所示。

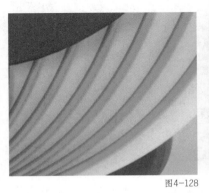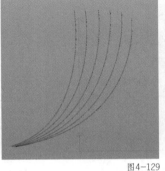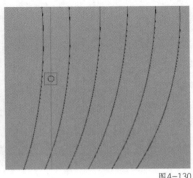

图4-128　　　　　　　　图4-129　　　　　　　　图4-130

02 选择扫描生成器，将其加载到对象面板中，然后拖曳"样条"和"圆环"到"扫描"下，如图4-131所示。圆环大小决定扫描后的模型粗细。

■ 步骤3 制作鲸的尾巴部分

制作图4-131所示的鲸尾巴部分会用到星形和挤压工具。

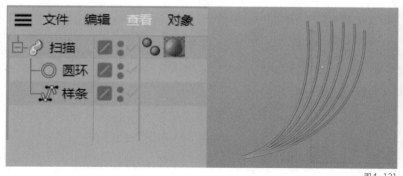

图4-131   图4-132

01 绘制星形样条，在其对象选项卡中将"点"调整为"3"，如图4-133所示。将其C掉（转为可编辑对象），在点模式下选择除左下角以外所有的控制点，在视图窗口空白处单击鼠标右键，执行"柔性插值"命令，如图4-134所示。

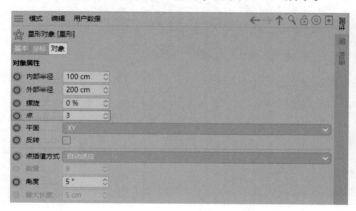

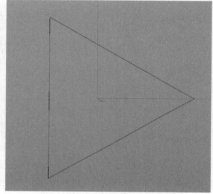

图4-133

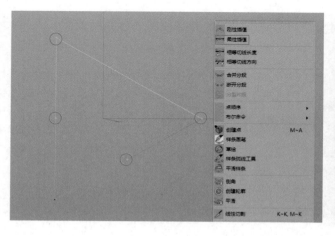

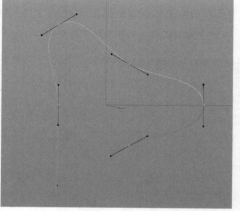

图4-134

02 将带有手柄的控制点调到适当位置，如图4-135所示。利用旋转工具将样条旋转至合适方向，如图4-136所示。选择挤压生成器，将其加载到对象面板中，然后拖曳样条到"挤压"下，如图4-137所示。

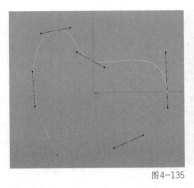

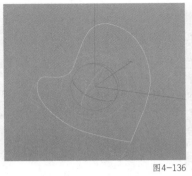

图4-135　　　　　　　　　　　　　图4-136　　　　　　　　　　　　　图4-137

03 在挤压的对象选项卡中将"移动"的第3个数值调整为"50cm",如图4-138所示。切换到封盖选项卡,将"尺寸"调整为"5cm",如图4-139所示。

图4-138

图4-139

■ 步骤4　制作鲸的鳍部分

制作图4-140所示的鲸鳍部分会用到圆弧和挤压工具。

01 绘制圆弧参数样条,在其对象选项卡中将"结束角度"调整为"180°",如图4-141所示。利用旋转工具将圆弧旋转至合适方向,如图4-142所示。

02 将圆弧C掉后,在样条的对象选项卡中勾选"闭合样条",并将"数量"调整为"17",如图4-143所示。

图4-140

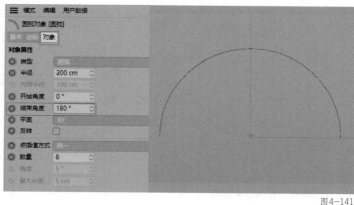

图4-141

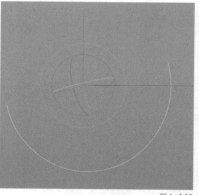

图4-142

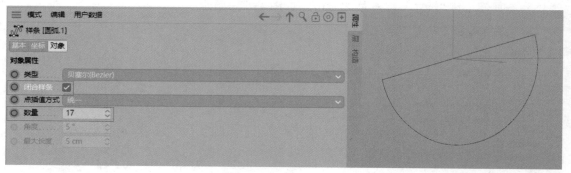

图4-143

03 添加挤压生成器，将样条拖入其下，如图4-144所示。在挤压生成器的对象选项卡中将"移动"的第3个数值调整为"50cm"，如图4-145所示；切换到封盖选项卡，将"尺寸"调整为"5cm"，如图4-146所示。

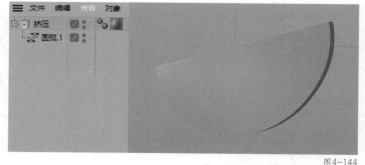

图4-144

图4-145

■ 步骤5 制作花瓶部分

制作图4-147所示的花瓶部分会用到样条画笔和旋转工具。

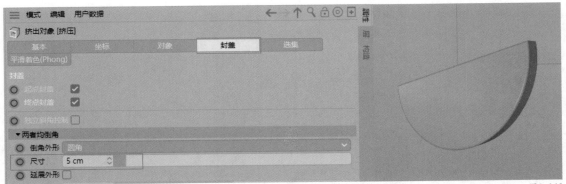

图4-146

01 利用样条画笔在正视图中以世界坐标轴中心为起点绘制样条，如图4-148所示。选择所有控制点，在视图窗口空白处单击鼠标右键，执行"柔性插值"命令，如图4-149所示。使用控制点手柄调节样条的形状，如图4-150所示。

图4-147

图4-148

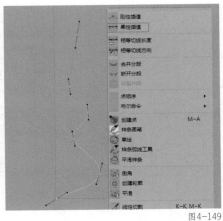

图4-149

02 选中样条所有控制点，在视图窗口空白处单击鼠标右键，执行"创建轮廓"命令，然后按住鼠标左键在视图的空白处拖曳，拖出一定的宽度，如图4-151所示。添加旋转生成器，将"样条"拖入"旋转"下做子级，如图4-152所示。

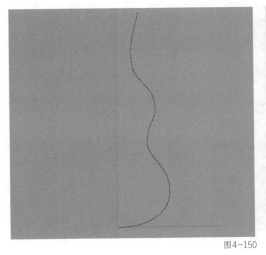

图4-150

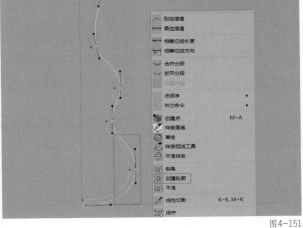

图4-151

■ 步骤6 制作花瓶座部分

制作图4-153所示的花瓶座部分会用到花瓣和放样工具。

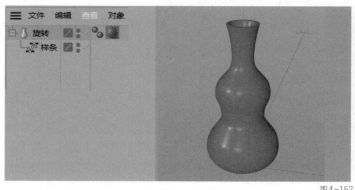

图4-152　　　　　　　　　　　　　　　　　　　　图4-153

01 创建花瓣参数样条，如图4-154所示。在花瓣的对象选项卡中，将"平面"调整为"XZ"，如图4-155所示。

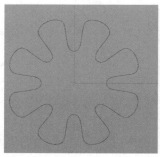

图4-154　　　　　　　　　　　　　　　　　　　　图4-155

02 复制出两个花瓣，将它们竖向排列，如图4-156所示。在中间花瓣的对象选项卡中将"花瓣"调整为"20"，然后利用缩放工具将中间花瓣放大，如图4-157所示。

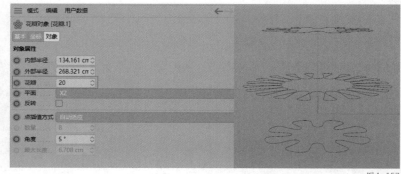

图4-156　　　　　　　　　　　　　　　　　　　　图4-157

03 添加放样生成器，将3个花瓣拖入其下，如图4-158所示。在放样生成器的对象选项卡中将"网孔细分U"调整为"371"，将"网孔细分V"调整为"42"，如图4-159所示。切换到封盖选项卡，将"尺寸"调整为

图4-158

"10cm"，如图4-160所示。

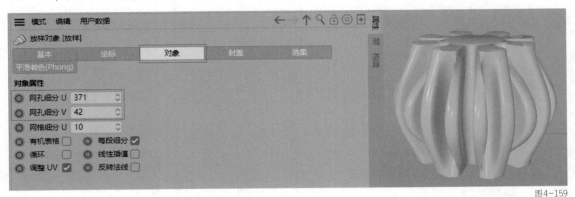

图4-159

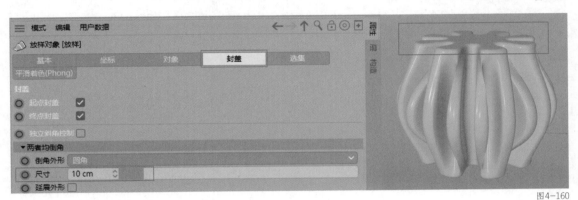

图4-160

■ 步骤7 制作海草部分

制作图4-161所示的海草部分会用到圆环、样条布尔生成器、挤压和扫描工具。

01 绘制3个同样的圆环参数样条并将它们竖向排列，如图4-162所示。给3个圆环添加样条布尔生成器，如图4-163所示。

图4-161

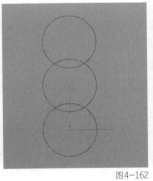

图4-162

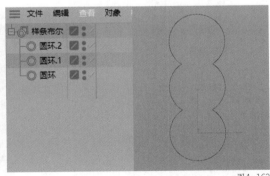

图4-163

02 将样条布尔C掉以便进行操作。选择圆环之间的交接点，在视图窗口空白处单击鼠标右键，执行"柔性插值"命令，如图4-164所示。利用缩放工具将样条拉高，如图4-165所示。

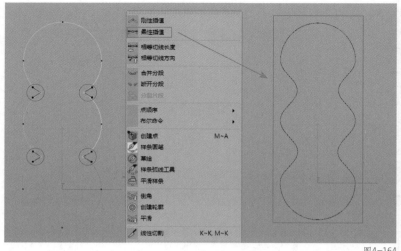

图4-164

图4-165

03 添加挤压生成器,将样条拖入其下,如图4-166所示。在挤压生成器的对象选项卡中将"移动"的第3个数值调整为"50cm",如图4-167所示。切换到封盖选项卡,将"尺寸"调整为"5cm",如图4-168所示。

04 利用样条画笔工具在正视图中绘制树干,如图4-169所示。添加圆环参数样条,调整其大小,如图4-170所示。添加扫描生成器,

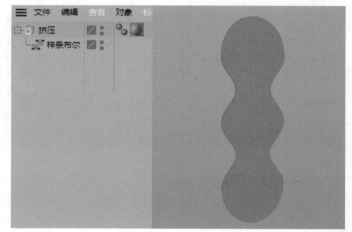

图4-166

将"圆环"和树干拖入扫描生成器下,如图4-171所示。

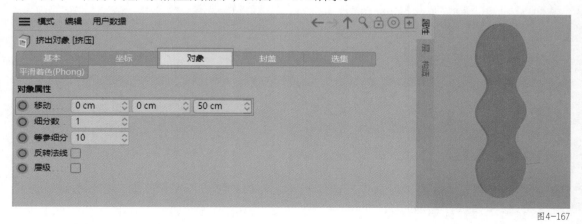

图4-167

■ **步骤8 制作小鱼部分**

制作图4-172所示的小鱼部分,会用到圆环、蔓叶类曲线和样条布尔工具。

图4-168

图4-169

图4-170

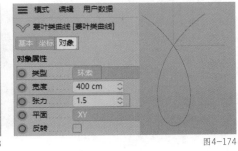

图4-171

01 绘制蔓叶类曲线参数样条，如图4-173所示。在蔓叶类曲线的对象选项卡中将"类型"调整为"环索"，将"张力"调整为"1.5"，如图4-174所示。

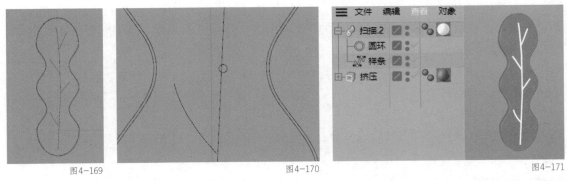

图4-172

图4-173

图4-174

02 利用旋转工具将蔓叶类曲线逆时针旋转90°，如图4-175所示。将蔓叶类曲线C掉，再在样条的对象选项卡中勾选"闭合样条"，如图4-176所示。

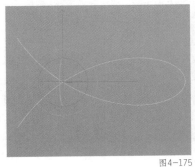

图4-175

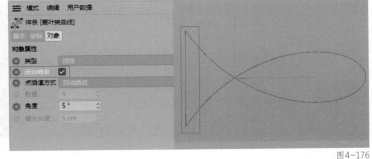

图4-176

03 利用圆环参数样条制作小鱼的眼睛部分，添加圆环并摆到对应位置，如图4-177所示。选中"样条"和"圆环"，单击"样条"或集按钮，以减去两个样条的相交部分，如图4-178所示。

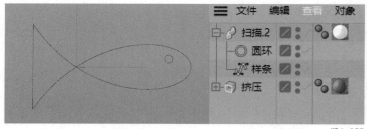

图4-177　　　　　　　　　　　　　　　　　　　　　　　　　　　　图4-178

04 添加挤压生成器，将"蔓叶类曲线"拖入其下，如图4-179所示。在挤压生成器的对象选项卡中将"移动"的第3个数值调整为"30cm"，如图4-180所示。切换到封盖选项卡，将"尺寸"调整为"5cm"，如图4-181所示。

图4-179

图4-180

图4-181

■ 步骤9 制作水波纹部分

制作图4-182所示的水波纹部分会用到圆环、摆线和扫描工具。

图4-182

01 绘制摆线参数样条，如图4-183所示。在摆线的对象选项卡中将"a"调整为"50cm"，将"结束角度"调整为"1000°"，如图4-184所示。

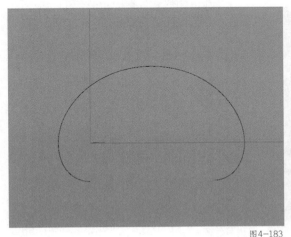

图4-183

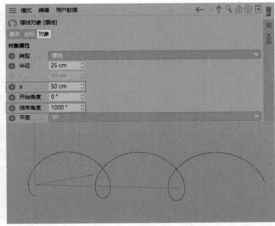

图4-184

02 添加圆环参数样条，并将其调整至适合大小，如图4-185所示。添加扫描生成器，将"圆环"和"摆线"拖入"扫描"下，如图4-186所示。

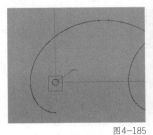

图4-185

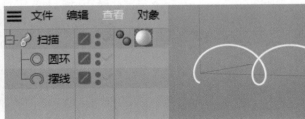

图4-186

至此，本案例已讲解完毕，请扫描图4-187所示二维码观看本案例详细操作视频。

图4-187

第7节 小蛇场景案例

掌握了样条工具及一系列样条建模辅助工具后，本节结合前面所讲的知识制作图4-188所示的小蛇场景，以进一步理解参数样条、样条画笔、样条布尔和样条生成器的相关知识。

操作步骤

■ **步骤1 制作蛇身部分**

制作图4-189所示的蛇身部分会用到螺旋、圆环和扫描工具。

图4-188

01 绘制螺旋参数样条，如图4-190所示。在螺旋的对象选项卡中将"平面"调整为XZ，将"终点"半径调整为"0cm"，将"结束角度"调整为"1500°"，将"高度"调整为"280cm"，将"高度偏移"调整为"10%"，如图4-191所示。

图4-189

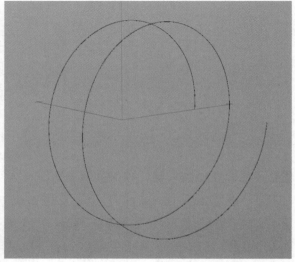

图4-190

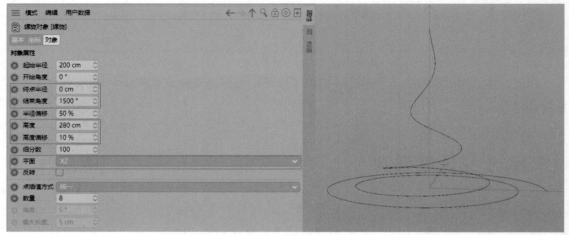

图4-191

02 添加圆环参数样条，将其调整至适合大小，如图4-192所示。添加扫描生成器，将"圆环"和"螺旋"拖入到"扫描"之下，如图4-193所示。

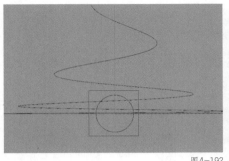

图4-192

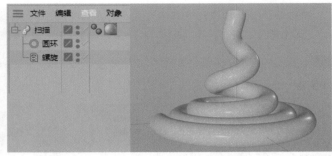

图4-193

03 在扫描生成器的封盖选项卡中将"尺寸"调整为"50cm"，将"分段"调整为"10"，如图4-194所示。切换到对象选项卡，展开细节，将"缩放"曲线调整为图4-195所示的样子，按住Ctrl键在曲线上单击即可添加控制点。

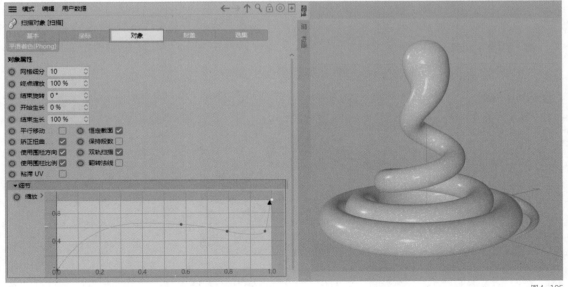

图4-194

图4-195

04 添加球体模型作为眼睛部分，调整其大小及位置，如图4-196所示。

■ 步骤2 制作帽子部分

制作图4-197所示的帽子部分会用到公式、圆环和旋转工具。

01 绘制公式参数样条，如图4-198所示。在公式的坐标选项卡中将"P.X"调整为"-100cm"，如图4-199所示。

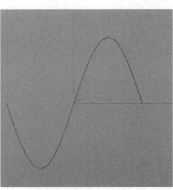

图4-196　　　　　　　　　　　图4-197　　　　　　　　　　　图4-198

图4-199

02 添加旋转生成器，将"公式"拖入"旋转"下，如图4-200所示。

■ 步骤3 制作S部分

制作图4-201所示的S部分会用到文本和挤压工具。

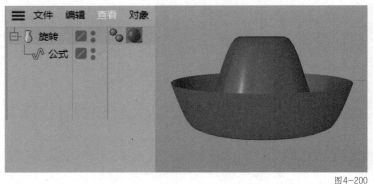

图4-200　　　　　　　　　　　图4-201

01 绘制文本参数样条，如图4-202所示。在文本的对象选项卡中的文本框中输入S，如图4-203所示。

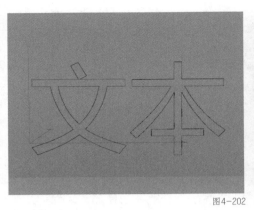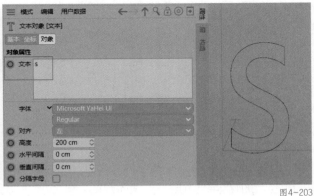

图4-202

图4-203

02 添加挤压生成器，将"文本"拖入"挤压"下，如图4-204所示，挤压生成器属性面板中的参数保持默认即可。

■ **步骤4 制作树桩部分**

制作图4-205所示的树桩部分会用到齿轮和放样工具。

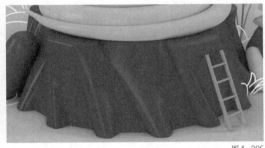

图4-204

图4-205

01 添加齿轮参数样条，如图4-206所示。在齿轮的对象选项卡中勾选"传统模式"，将"齿"调整为"16"，将"平面"调整为"XZ"，如图4-207所示。

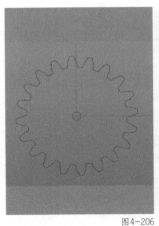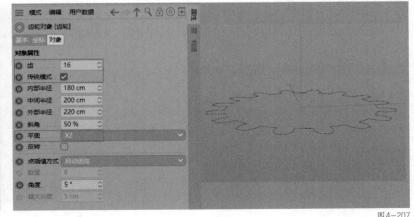

图4-206

图4-207

02 将齿轮复制一个并缩小，再将它们竖向排列，在复制出的齿轮的对象选项卡中将"齿"调整为"5"，如图4-208所示。切换到坐标选项卡，将"R.H"调整为"-20°"，如图4-209所示。

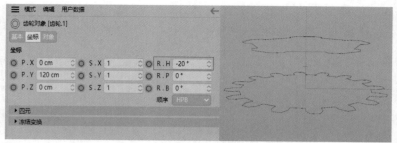

图4-208

图4-209

03 添加放样生成器，将两个齿轮拖入其下，如图4-210所示。在放样生成器的对象选项卡中将"网孔细分U"调整为"187"，将"网孔细分V"调整为"24"；切换到封盖选项卡，将"尺寸"调整为"5cm"，如图4-211所示。

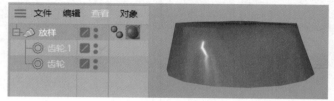

图4-210

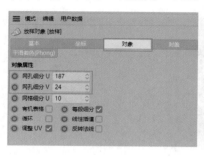

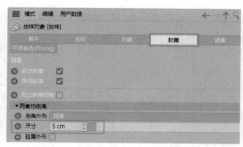

图4-211

■ 步骤5 制作小树部分

制作图4-212所示的小树部分会用到四边形、样条布尔和挤压工具。

01 绘制四边形参数样条，如图4-213所示。复制4个四边形，将它们竖向排列并依次缩小，再将最上面的四边形旋转90°，如图4-214所示。添加样条布尔生成器，将5个四边形拖入其下，如图4-215所示。

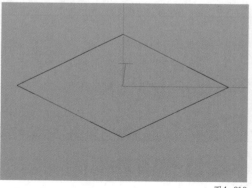

图4-212

图4-213

图4-214

02 添加挤压生成器，将"样条布尔"拖入"挤压"下，如图4-216所示。在挤压生成器的对象选项卡中将"移动"的第3个数值调整为"50cm"；切换到封盖选项卡，将"尺寸"调整为"5cm",如图4-217所示。

图4-215

图4-216

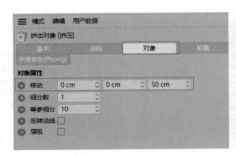

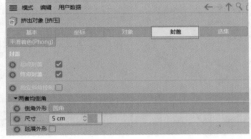

图4-217

■ 步骤6 制作小树底座部分

制作图4-218所示的小树底座部分会用到多边形和放样工具。

01 绘制多边形参数样条,如图4-219所示。在齿轮的对象选项卡中将"平面"调整为"XZ",勾选"圆角",如图4-220所示。

02 将多边形复制两个,将它们竖向排列,并将中间的四边形放大,如图4-221所示。

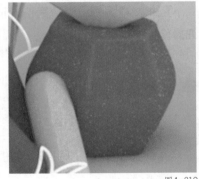

图4-218

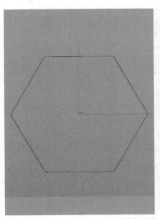

图4-219

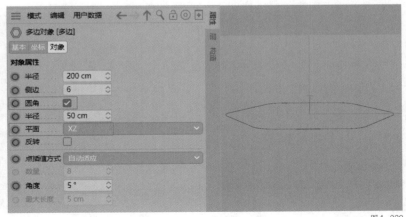

图4-220

03 添加放样生成器,将3个多边形拖入其下,如图4-222所示。在放样生成器的对象选项卡中将"网孔细分U"调整为"202",将"网孔细分V"调整为"13";切换到封盖选项卡,将"尺寸"调整为"10cm",如图4-223所示。

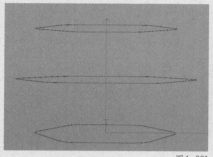

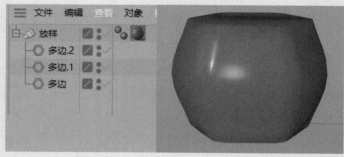

图4-221

图4-222

图4-223

至此,本案例已讲解完毕,请扫描图4-224所示二维码观看本案例详细操作视频。

图4-224

本课练习题

1. 填空题

(1)使用_____画笔可以在视图面板上随笔涂鸦,有很强的手绘效果。

(2)使用挤压生成器时,在_____的情况下,只能挤出厚度不会成为面。

(3)使用扫描生成器时,_____样条在上,_____样条在下。

(4)_____可以使两个样条相加。

(5)样条画笔包含_____、_____、_____和_____。

参考答案:

(1)草绘 (2)样条开放 (3)形状、路径 (4)样条并集 (5)样条画笔、草绘、平滑样条、样条弧线工具

2. 选择题

(1)在样条画笔中,( )类型的画笔有控制手柄。

A. 线性　　　　　B. B-样条　　　　　C. 立方　　　　D. 贝塞尔　　E. Akima

(2)若想单独控制单边手柄,可以按住( )键和鼠标左键并拖曳单边手柄。

A. Ctrl B. Shift C. Alt

（3）（ ）生成器需要两个样条才能形成模型。

A. 旋转 B. 挤压 C. 放样 D. 扫描

（4）（ ）类型计算可以使两个样条相减。

A. 样条差集 B. 样条并集

C. 样条合集 D. 样条或集

E. 样条交集

参考答案：

（1）D （2）B （3）D （4）A

3. 操作题

请用本课所学到的样条建模知识制作图4-225所示的主体部分，并结合素材包内资源文件摆好造型、添加好材质后渲染输出。

图4-225

操作题要点提示

① 灵活运用样条之间的计算和挤压制作模型主体部分。

② 模型圆角部分可以利用倒角工具进行制作。

素材中的文件模型如何添加材质及渲染输出

01 在材质面板中找到对应颜色的材质球，用鼠标左键按住材质球到模型上，将材质赋予直接拖曳模型，如图4-226所示。

图4-226

02 在工具栏内选择编辑渲染设置工具 ▦，在"渲染设置"窗口中的保存面板里选择文件渲染路径，如图4-227所示。

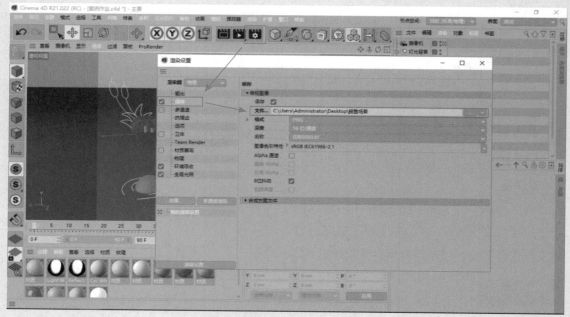

图4-227

03 选好路径后关闭"渲染设置"窗口，在工具栏内选择渲染到查看器工具 ▦ 打开"图片查看器"窗口，等待下方进度条走完后在刚刚选好的路径下找到渲染输出图片，如图4-228所示。

图4-228

第 **5** 课

生成器

第4课讲解了样条的专属生成器，本课将进一步讲解
Cinema 4D中更多生成器的用法。使用生成器能更
简便高效地达到一些想要的效果。例如使用细分曲面
生成器能快速制作出较为圆滑的模型；想要的实例生
成器能在节省资源的情况下复制模型，并且复制体模
型会跟本体模型一起发生改变；使用对称生成器能快
速对模型进行对称复制，同样复制体模型会跟本体模
型一起发生改变。本课还会通过多个应用案例来逐个
对生成器的原理、属性、效果及实际操作进行讲解，
使读者在学习工具操作的同时可以理论结合实际，快
速制作出成品。

本课知识要点
◆ 生成器的用法
◆ 生成器的效果
◆ 生成器的基本属性
◆ 生成器应用案例

第1节　初识生成器

生成器位于工具栏中，如图5-1所示。长按"细分曲面"按钮 可以展开生成器工具组，如图5-2所示。

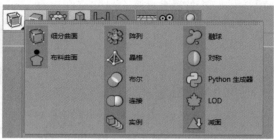

图5-1　　　　　　　　　　　　　　　　　　　　　　　　　图5-2

在Cinema 4D中，绿色图标通常都作为父级使用。生成器图标为绿色，所以要作为父级才能起作用。

下面讲解生成器的使用方法。在工具栏中长按"细分曲面"按钮，展开生成器工具组，单击"细分曲面"按钮，将"细分曲面"添加到对象面板。然后在对象面板中将"立方体"拖曳到"细分曲面"中。鼠标指针旁会出现↓，如图5-3所示，松开鼠标左键，"立方体"出现在"细分曲面"下方，如图5-4所示。

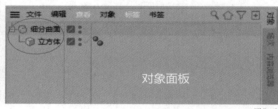

图5-3　　　　　　　　　　　　　　　　　　　　　　　　　图5-4

> 提示　图5-4所示的生成器与模型之间产生了链接，这种链接被称为"父子级"。在对象面板中父对象在上方、子对象在下方，父对象可以操纵子对象。

第2节　细分曲面生成器

在前期制作模型时，为了减少软件的计算量和易于对形状进行调整，通常会先制作面数较少的简单模型，再在后期利用细分曲面生成器 使模型更加圆滑。

模型添加细分曲面生成器前后的对比效果如图5-5所示。

知识点 1　细分曲面生成器基本属性

细分曲面生成器的对象属性包括"编辑器细分"与"渲染器细分"如图5-6所示。"编辑器细分"是指视图中见到的直观细分，"渲染器细分"是指渲染后的细分数。数值越大，细分的份数越多，模型越圆润，但软件运行就会越卡顿，因此细分数值通常控制在1～3较合适。

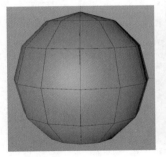

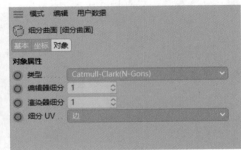

图5-5

图5-6

图5-7所示为1级细分、2级细分和3级细分的对比效果。

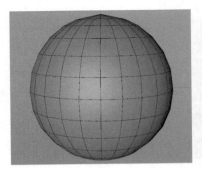

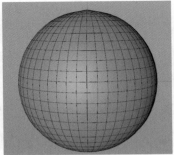

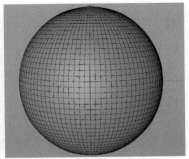

图5-7

知识点2 细分曲面生成器应用案例

掌握了细分曲面生成器的属性后，下面结合多边形编辑工具制作图5-8所示的甜甜圈。

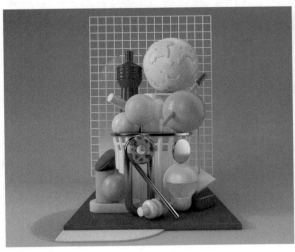

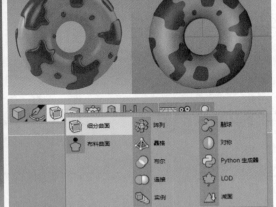

图5-8

操作步骤

01 利用参数对象中的圆环制作基础模型，并将制作好的模型复制一个。将一个模型作为底层"面包"，将另一个模型C掉（转为可编辑对象），然后利用选择工具将它的一些面删除，作为基础的"糖衣"，如图5-9所示。

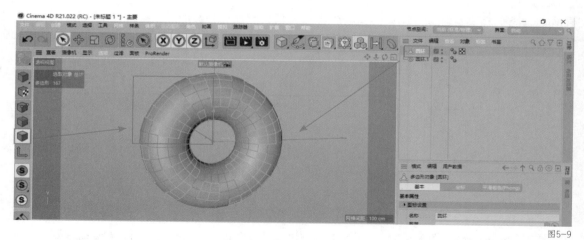

图5-9

02 为"面包"和"糖衣"添加不同颜色的材质以便区分，如图5-10所示。

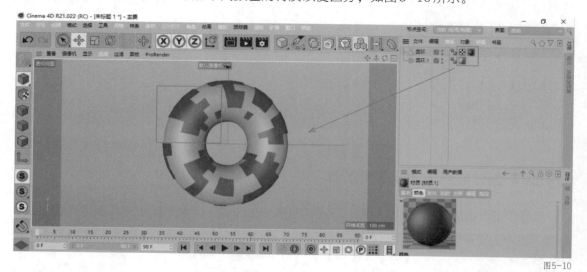

图5-10

03 为"糖衣"添加细分曲面生成器并调整其属性，使生硬的边角变得柔和，如图5-11所示。

至此，本案例已讲解完毕，请扫描图5-12所示二维码观看视频进行知识回顾。

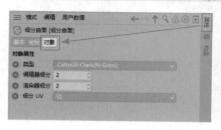

图5-11

图5-12

第3节 布料曲面生成器

在制作模型时，利用布料曲面生成器 可以给平面模型增加厚度，这种方法的好处在于可以随时对模型厚度进行修改。布料曲面生成器增加了细分数属性，但不能像细分曲面生成器一样将模型变圆滑，这就是它跟细分曲面生成器的区别。

为模型添加布料曲面生成器不同属性的效果如图5-13所示。由左至右依次为没有添加布料曲面生成器的模型、添加布料曲面生成器"细分数"属性后的模型和添加布料曲面生成器"厚度"属性后的模型。

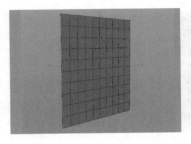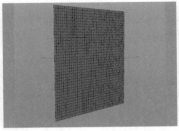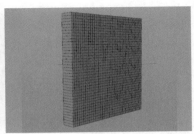

图5-13

知识点 1 布料曲面生成器基本属性

布料曲面生成器的属性面板如图5-14所示。在布料曲面生成器的属性中，经常会被用到的是"细分数"和"厚度"。"细分数"的值不宜过大，应根据案例需要而定，必要时也可以为0；"厚度"数值越大，模型越厚。

图5-14

知识点 2 布料曲面生成器应用案例

掌握了布料曲面生成器的属性后，下面结合细分曲面生成器制作图5-15所示的甜甜圈"糖衣"厚度。

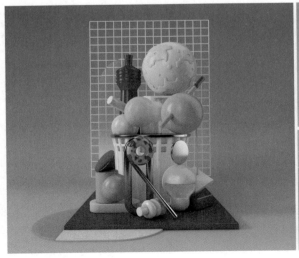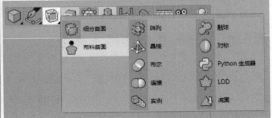

图5-15

操作步骤

`01` 选择"糖衣"模型,按住 Alt 键单击"布料曲面"按钮,将"布料曲面"作为"糖衣"模型的父级,如图 5-16 所示。布料曲面生成器在细分曲面生成器之下,这样既有厚度又足够圆滑,反之则只有厚度但并不圆滑。

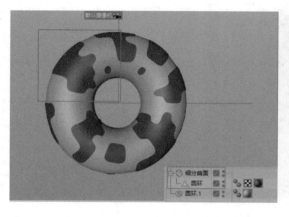 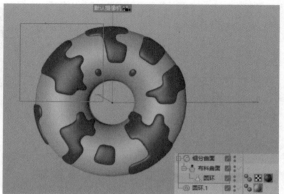

图5-16

`02` 在布料曲面生成器的对象选项卡中将"细分数"调整为"0"(细分曲面已经足够,不需要再加),将"厚度"调整为"10",如图 5-17 所示。这里的数值只作为参考,具体数值应根据案例效果而定。

至此,本节已讲解完毕,请扫描图 5-18 所示二维码观看视频进行知识回顾。

图5-17   图5-18

第4节 阵列生成器

若需要旋转复制模型,可以利用阵列生成器 ⊛ 阵列 来快速达到效果。

模型添加阵列生成器前后的对比效果如图 5-19 所示。

知识点 1 阵列生成器基本属性

阵列生成器的属性面板如图 5-20 所示。在阵列生成器的属性中,经常会被用到的是"半径"和"副本","半径"是指复制模型围成圈的半径大小,"副本"是指复制模型的数量。

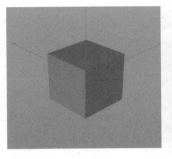

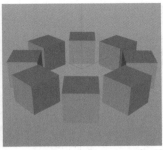

图5-19

图5-20

知识点 2 阵列生成器应用案例

掌握了阵列生成器的属性后，下面结合多边形编辑工具制作图5-21所示的球状模型。

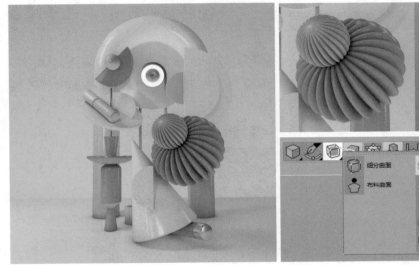

图5-21

操作步骤

01 利用参数对象中的球体制作基础模型，并将其C掉（转为可编辑对象），然后利用缩放工具将其压扁，如图5-22所示。

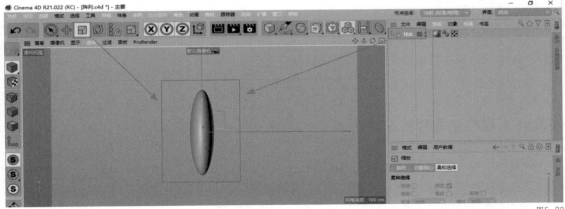

图5-22

02 为球体添加阵列生成器，如图5-23所示。

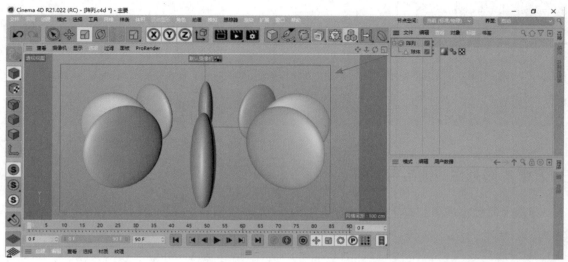

图5-23

03 在阵列生成器的对象选项卡中将"半径"调整为"60cm"，将"副本"调整为"18"，如图5-24所示，效果如图5-25所示。这里的数值只作为参考，具体数值应根据案例效果而定。

至此，本节已讲解完毕，请扫描图5-26所示二维码观看视频进行知识回顾。

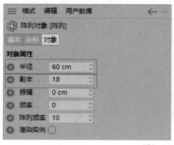

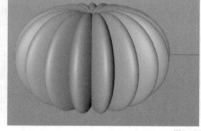

图5-24   图5-25   图5-26

第5节 晶格生成器

若需要框架式的模型，可以利用晶格生成器 来快速达到效果。晶格生成器能根据模型细分数量和分布决定模型生成后的框架数量及造型。

模型添加晶格生成器前后的对比效果如图5-27所示。

知识点 1 晶格生成器基本属性

晶格生成器的属性面板如图5-28所示。"圆柱半径"和"球体半径"都可以在此进行编辑，但"圆柱半径"超不过"球体半径"，也就是说"圆柱半径"永远小于或等于"球体半径"。"细分数"的值越大模型越圆滑。

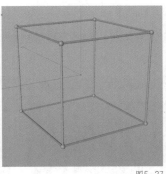

图5-27

图5-28

知识点 2 晶格生成器应用案例

掌握了晶格生成器的属性后，下面结合多边形编辑工具制作图5-29所示的框架模型。

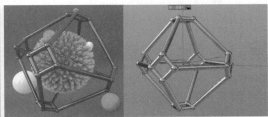

图5-29

操作步骤

01 利用参数对象中的宝石制作基础模型，在其对象选项卡中将"类型"改为"八面体"。将其C掉后在点模式下选择所有点，按快捷键M ~ S进行倒角，如图5-30所示。

02 添加晶格生成器，把制作好的模型拖到"晶格"下，如图5-31所示。

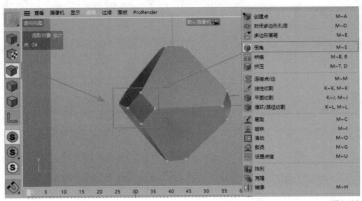

图5-30

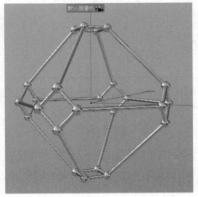

图5-31

109

03 在晶格生成器的对象选项卡中将"圆柱半径"调整为"4cm"将"球体半径"调整为"6cm",如图5-32所示,效果如图5-33所示。这里的数值只作为参考,具体数值应根据案例效果而定。

至此,本节已讲解完毕,请扫描图5-34所示二维码观看视频进行知识回顾。

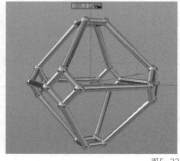

图5-32 图5-33 图5-34

第6节 布尔生成器

若需要将模型部分挖空,可利用布尔生成器 ⚪ 布尔 来快速实现。布尔生成器能识别两个模型的交叉面积,可以进行两个模型之间的计算,例如相加、相减、相交和相补。

模型添加布尔生成器前后的对比效果如图5-35所示。

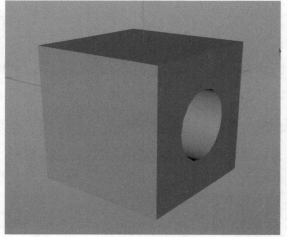

图5-35

知识点 1 布尔生成器基本属性

为两个模型添加不同布尔生成器的效果如图5-36 ~ 图5-39所示。图5-36所示为"布尔类型"调整为"A加B"的效果,图5-37所示为"布尔类型"调整为"A减B"的效果,图5-38所示为"布尔类型"调整为"AB交集"的效果,图5-39所示为"布尔类型"调整为"AB补集"的效果。布尔生成器的属性面板如图5-40所示。

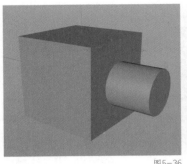

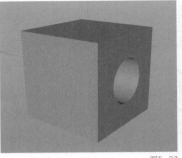

图5-36

图5-37

图5-38

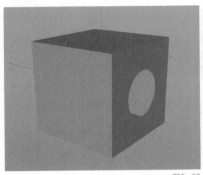

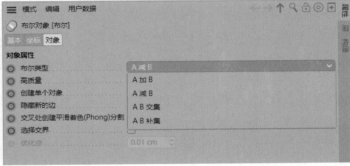

图5-39

图5-40

知识点2 布尔生成器应用案例

掌握了布尔生成器的属性后，下面结合多边形编辑工具制作图5-41所示的主体圆台凹槽部分。

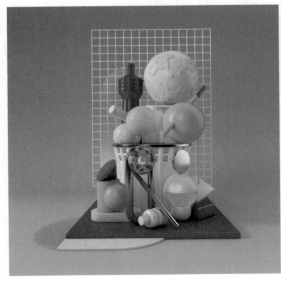

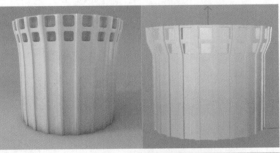

图5-41

操作步骤

01 利用参数对象中的圆柱制作基础模型，利用立方体及阵列生成器制作出被减模型，然后将其复制一个并摆好位置，如图5-42所示。添加连接生成器并把两个"阵列"作为其子级，如图5-43所示。

> **提示** 布尔生成器只能识别两个子级，所以这里需要添加连接生成器把两个阵列对象变为一个子级。连接生成器会在第7节中进行详细讲解。

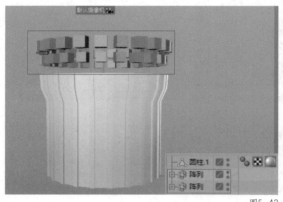

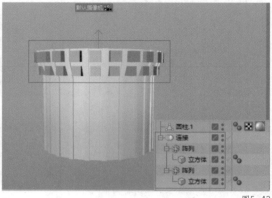

图5-42   图5-43

02 单击"布尔"按钮，把"连接"与"圆柱"拖入"布尔"下进行计算，如图5-44所示。

> **提示** 在布尔生成器的对象选项卡中将"布尔类型"选择为"A减B"即可，如图5-45所示。子级当中的两个模型，上减下就等于A减B，可以根据需要变换子级的排列顺序来决定谁是A、谁是B。

至此，本节已讲解完毕，请扫描图5-46所示二维码观看视频进行知识回顾。

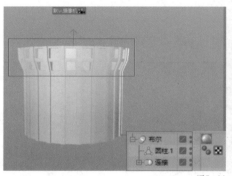

图5-44   图5-45   图5-46

第7节 连接生成器

若生成器只能识别1～2个子级，或者有相邻点没有封闭时，可以利用连接生成器 连接 来将它们连接。连接生成器能识别相邻的点并将它们连接，它也可将多个模型进行打组以便共同操作。

模型添加连接生成器前后的对比效果如图5-47所示。

知识点 1 连接生成器基本属性

连接生成器的属性面板如图5-48所示。属性面板中"公差"指的是连接可识别的距离，其值越大连接可识别的距离越远。

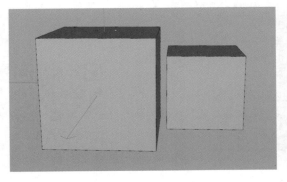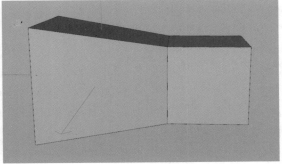

图5-47

知识点 2 连接生成器应用案例

掌握了连接生成器的属性后，下面结合布尔生成器制作图5-49所示的主体圆台模型。

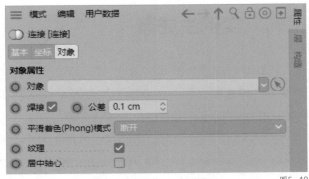

图5-48

操作步骤

01 一些生成器不可识别多层级，只能识别 1 ~ 2 个子级。例如布尔生成器就只能识别两个子级，如图5-50所示，这时就需要一个连接生成器来连接多个子级以便同时计算。

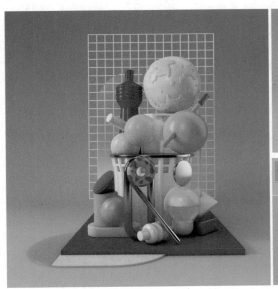

图5-49

02 单击"连接"按钮，把两个需要连接的模型拖入"连接"下，再将其拖入布尔生成器中即可共同操作，如图5-51所示。

至此，本节已讲解完毕，请扫描图5-52所示二维码观看视频进行知识回顾。

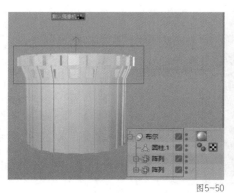
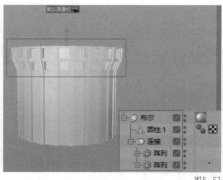

图5-50　　　　　　　　　　　图5-51　　　　　　　　　图5-52

第8节　实例生成器

　　若需要创建多个相同的模型，可以利用实例生成器 进行复制。实例生成器可以对模型本体进行复制，是一个既能节约资源又能达到复制效果的生成器。若本体模型发生变化，复制出来的模型也会跟着变化，这样能很好地减少操作，节约时间。

　　模型添加实例生成器前后的对比效果如图5-53所示。

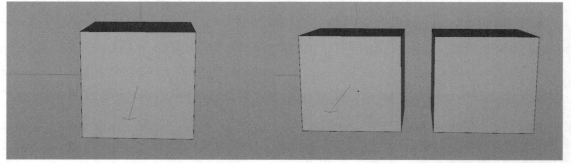

图5-53

知识点 1　实例生成器基本属性

　　实例生成器的属性面板如图5-54所示。将模型拖入实例生成器属性面板中的"参考对象"右侧框内，即可进行复制。

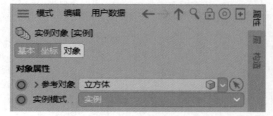

图5-54

知识点 2　实例生成器应用案例

　　掌握了实例生成器的属性后，下面结合多边形编辑工具制作图5-55所示的多个模型。

　　操作步骤

01 将参数模型中的球体作为基础模型，再对其进行改造。单击"实例"按钮，将制作好的模型拖入实例生成器属性面板的"参考对象"右侧框中，如图5-56所示。

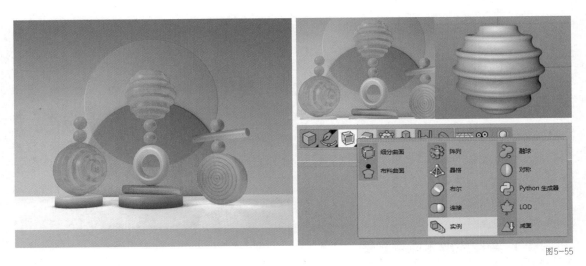

图5-55

02 利用移动工具移动复制好的模型，如图5-57所示。变换模型本体，复制体也会跟着变换。

提示 若想复制多个模型，复制实例生成器即可。

图5-56

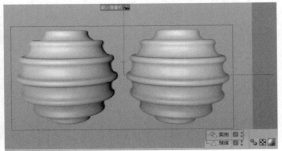

图5-57

至此，本节已讲解完毕，请扫描图5-58所示二维码观看视频进行知识回顾。

图5-58

第9节 融球生成器

若需要将多个模型融合到一起，可以利用融球生成器  来实现。融球生成器可以把相邻模型用圆滑的方式融合到一起，通常用来做一些抽象形状及卡通云朵等。

模型添加融球生成器前后对比效果如图5-59所示。

图5-59

知识点 1 融球生成器基本属性

融球生成器的属性面板如图5-60所示，融球的相融程度及细分可以在其中进行编辑。"外壳数值"越大相融程度越小，"编辑器细分"为视图细分，"渲染器细分"为渲染细分。细分的值越大细分数越少，默认情况下，"编辑器细分"的值较大，这是为了保证在操作时软件不会因为细分过多而发生卡顿，只要确保"渲染器细分"足够就可以。

图5-60

知识点 2 融球生成器应用案例

掌握了融球生成器的属性后，下面结合多边形编辑工具制作图5-61所示的主体模型。

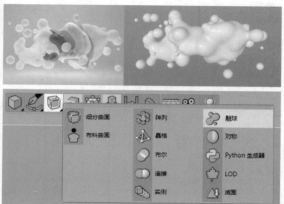

图5-61

操作步骤

01 单击"融球"按钮，把多个球体模型拖入"融球"下，如图5-62所示。

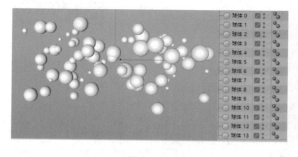

图5-62

02 在融球生成器的对象选项卡中将"外壳数值"调整为"143%"，将"编辑器细分"调整为"10cm"，"渲染器细分"保持默认即可，如图5-63所示，效果如图5-64所示。这里的数值只作为参考，具体数值应根据案例效果而定。

至此，本节已讲解完毕，请扫描图5-65所示二维码观看视频进行知识回顾。

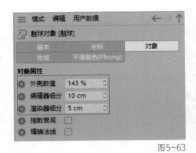

图5-63

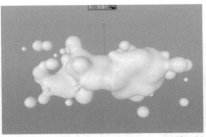

图5-64

图5-65

第10节 对称生成器

若需要创建对称的模型,可以利用对称生成器 ⬭ 对称 来快速实现。对称生成器以世界坐标轴中心为中心对模型进行对称复制,模型本体变换复制体也会跟着变换。

模型添加对称生成器前后对比效果如图5-66所示。

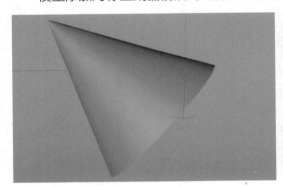
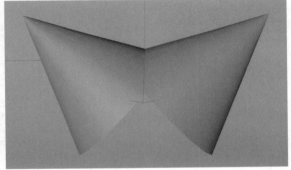

图5-66

知识点 1 对称生成器基本属性

对称生成器的属性面板如图5-67所示,模型镜像的方向可以在"镜像平面"下拉列表中进行修改,也可以单击最下方的"翻转"按钮翻转模型。

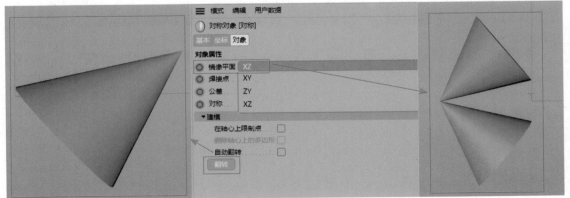

图5-67

知识点 2 对称生成器应用案例

掌握了对称生成器的属性后，下面结合多边形编辑工具制作图5-68所示的主体模型。

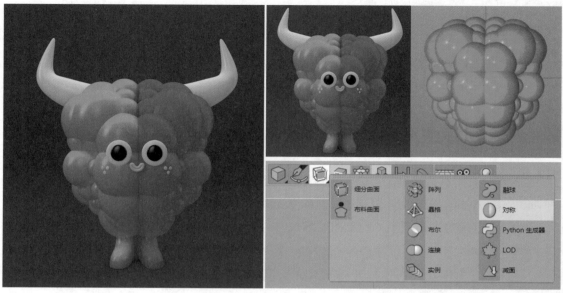

图5-68

操作步骤

01 将参数模型中的球体作为基础模型，如图5-69所示。

02 把基础模型拖入对称下，单击"对称"按钮，在对称生成器的对象选项卡中将"镜像平面"选择为ZY即可，如图5-70所示。这里的设置只作为参考，具体类型应根据案例效果而定。

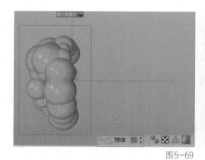

图5-69

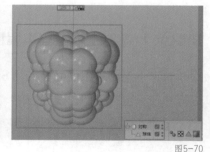

图5-70

至此，本节已讲解完毕，请扫描图5-71所示二维码观看视频进行知识回顾。

图5-71

本课练习题

1. 填空题

（1）使用_____可以使模型变圆滑。

（2）若想要旋转复制模型，可利用_____快速实现。

（3）若想得到框架式的模型，可以利用_____实现。

（4）使用_____可以对模型进行计算。

参考答案：

（1）细分曲面生成器 （2）阵列生成器 （3）晶格生成器 （4）布尔生成器

2. 操作题

选择合适的生成器制作图5-72所示的3个模型，并结合素材包内资源摆好造型、添加好材质后渲染输出，效果如图5-73所示。

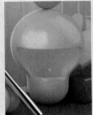
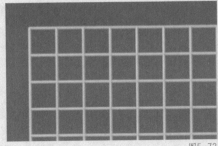

图5-72

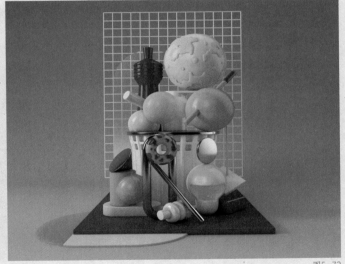

图5-73

操作题要点提示

① 案例中会应用到细分曲面、布尔和晶格生成器。

② 制作时注意细分数量，避免细分数量过多导致软件崩溃，或是细分数量过少而使模型不够圆滑。

第 **6** 课

变形器

变形器可以实现各种变形效果。变形器的操作简单、易上手，运行速度很快。巧妙使用变形器可以节约大量时间，是制作项目时不可缺少的好帮手。

本课将讲解29个变形器的基本使用方法，结合应用案例使读者不仅可以掌握变形器的理论知识，还可以快速制作出作品。

本课知识要点

◆ 变形器的用法

◆ 变形器的基本属性

◆ 变形器应用案例

第1节 初识变形器

变形器位于工具栏中，如图6-1所示。长按"扭曲"按钮可以展开变形器工具组，其中共有29个变形器，分别是"扭曲""膨胀""斜切""锥化""螺旋""摄像机""修正""FFD""网格""爆炸""爆炸FX""融解""破碎""颤动""挤压&伸展""碰撞""收缩包裹""球化""平滑""表面""包裹""样条""导轨""样条约束""置换""公式""变形""风力"和"倒角"，如图6-2所示。

在Cinema 4D中，蓝色图标通常都表示功能子级。各类变形器图标都为蓝色，所以变形器通常作为子级使用。

在工具栏中长按"扭曲"按钮，展开变形器工具组，单击"扭曲"按钮，将扭曲变形器加载到对象面板。然后将对象面板中的扭曲变形器拖曳到模型下，此时会出现↓，如图6-3所示，松开鼠标左键，扭曲变形器即位于模型下，如图6-4所示。

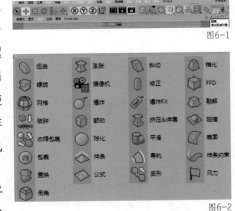

图6-1

图6-2

图6-3

图6-4

第2节 扭曲变形器

在制作特殊模型时，如制作扭曲模型，通常会先制作未产生扭曲的模型，再利用扭曲变形器使模型产生扭曲效果。

模型添加扭曲变形器前后的对比效果如图6-5所示。

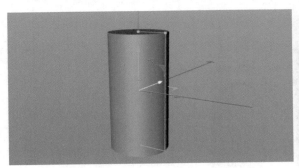
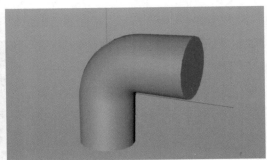

图6-5

知识点 1 扭曲变形器基本属性

在扭曲变形器属性面板中，"尺寸"用于调整变形器的大小，"模式"用于调整扭曲的形态，

121

"强度"用于调整扭曲的强度，"角度"用于调整扭曲后的角度，勾选"保持纵轴长度"可以使扭曲变形保持一定的长度，"匹配到父级"用于自动适配父级的位置及大小，如图6-6所示。

知识点 2 扭曲变形器应用案例

使用扭曲变形器 可以使模型产生扭曲效果。下面结合扭曲变形器制作图6-7所示场景中的主体模型。

图6-6

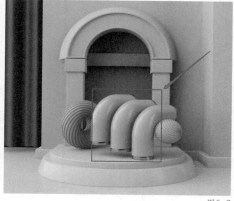

图6-7

操作步骤

01 打开素材中相应的工程文件，在此基础上进行制作，如图6-8所示。

02 在主菜单栏中执行"创建–参数对象–圆柱"命令，在场景中创建一个圆柱对象。在属性面板中将"高度"设置为"400cm"，将"高度分段"设置为"60"，如图6-9所示。

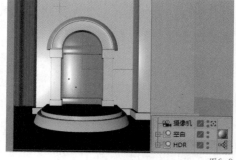

图6-8

03 在主菜单栏中执行"创建–变形器–扭曲"命令，在场景中创建一个扭曲对象，把"扭曲"作为"圆柱"的子级。在扭曲变形器的对象选项卡中单击"匹配到父级"按钮，扭曲变形器会自动适配父级的位置及大小，如图6-10所示。

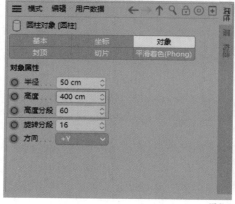

图6-9

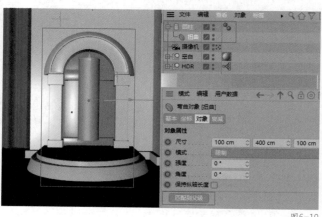

图6-10

04 在扭曲变形器的对象选项卡中将"强度"设置为"90°"，可以看到圆柱形态已经发生扭曲，如图6-11所示。

05 调整圆柱扭曲后的形态。在扭曲变形器的对象选项卡中将"尺寸"中的第2个尺寸设置为"90cm"，如图6-12所示。可以看到视图窗口中圆柱的形态已发生变化，如图6-13所示。

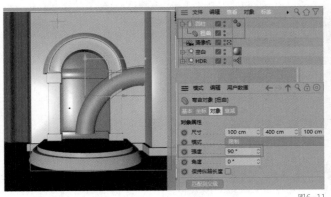

图6-11

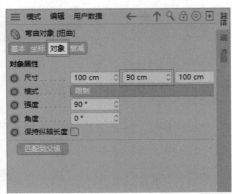

图6-12

06 在扭曲变形器的对象选项卡中将"角度"设置为"180°"，如图6-14所示，圆柱会进行角度偏移。使用移动工具调整圆柱模型的位置，并为圆柱模型添加材质，如图6-15所示。

图6-13

图6-14

图6-15

至此，本节已讲解完毕，请扫描图6-16所示二维码观看视频进行知识回顾。

第3节 膨胀变形器

在制作特殊模型时，如制作膨胀模型，通常会先制作未产生膨胀的模型，后期再利用膨胀变形器使模型产生膨胀效果。

模型添加膨胀变形器前后的对比效果如图6-17所示。

图6-16

知识点 1 膨胀变形器基本属性

在膨胀变形器属性面板中，"尺寸"用于调整变形器的大小，"模式"用于调整膨胀的形态，"强度"用于调整膨胀的强度，"弯曲"用于调整膨胀后的弯曲程序，勾选"圆角"可以使膨胀后呈圆角状态，"匹配到父级"用于自动适配父级的位置及大小，如图6-18所示。

图6-17

知识点 2 膨胀变形器应用案例

使用膨胀变形器 ⬢ 膨胀 可以使模型产生膨胀变形效果。下面将使用膨胀变形器制作图6-19所示的主体场景中的部分模型。

图6-18

图6-19

操作步骤

01 打开素材中相应的工程文件，在此基础上进行制作。

02 在主菜单栏中执行"创建-参数对象-球体"命令，在场景中创建一个球体对象。在球体的对象选项卡中将"分段"设置为"100"，"分段"的值越大，球体越圆滑，如图6-20所示。

03 在主菜单栏中执行"创建-变形器-膨胀"命令，在场景中创建一个膨胀对象，将"膨胀"作为"球体"的子级。在膨胀变形器的对象选项卡中单击"匹配到父级"按钮，如图6-21所示。膨胀变形器会自动适配父级的位置及大小，如图6-22所示。

图6-20

图6-21

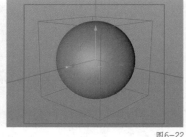

图6-22

04 在膨胀变形器的对象选项卡中将"强度"设置为"60%"，可以看到圆柱产生膨胀效果，如图6-23所示。

05 将"强度"调整为正值，圆柱向外膨胀，如图6-24所示。

06 将"强度"调整为负值，圆柱向内收缩，如图6-25所示。

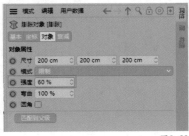
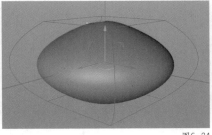
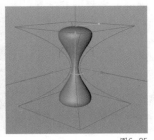

图6-23　　　　　　　　　　　　　　　图6-24　　　　　　　　　　　　　　　图6-25

07 将"弯曲"调整为大于"100%"，如图6-26所示，效果如图6-27所示。

08 将"弯曲"调整为小于"100%"，效果如图6-28所示。

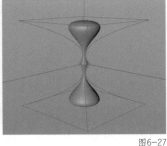
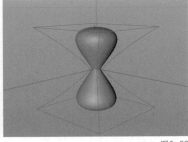

图6-26　　　　　　　　　　　　　　　图6-27　　　　　　　　　　　　　　　图6-28

09 在膨胀变形器的对象选项卡中勾选"圆角"，如图6-29所示，模型整体形态会趋于平滑膨胀，如图6-30所示。

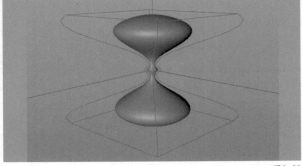

图6-29　　　　　　　　　　　　　　　　　　　　　　　　　图6-30

10 在视图窗口中拖曳膨胀变形器的 Y 轴，球体形态会跟随膨胀框发生改变。

> **提示** 在膨胀变形器的对象选项卡中将"模式"设置为"限制"，此时膨胀变形器只会控制蓝紫色框内父级元素的效果，如图6-31所示。

11 在膨胀变形器的对象选项卡中将"模式"设置为"无限"，膨胀变形器会完全控制父级元素，不受蓝紫色框影响，如图6-32所示。

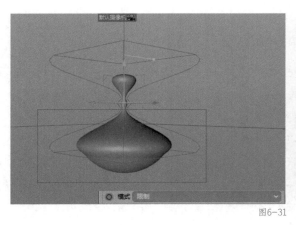
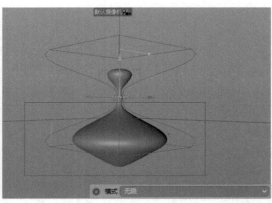

图6-31　　　　　　　　　　　　　　　　　　　　　　　　图6-32

　　掌握膨胀变形器后，创建3个球体，并为它们增加一定数量的分段，再分别为它们创建膨胀变形器，将膨胀变形器的参数调整为不同数值，观察不同的变形效果。

　　至此，本节已讲解完毕，请扫描图6-33所示二维码观看视频进行知识回顾。

第4节　斜切变形器

图6-33

　　在制作特殊模型时，如制作斜切模型，通常会先制作未产生斜切的模型，再利用斜切变形器使模型产生斜切效果。

　　模型添加斜切变形器前后的对比效果如图6-34所示。

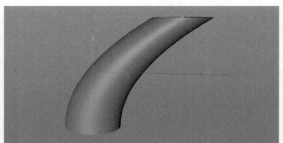

图6-34

知识点 1　斜切变形器基本属性

　　在斜切变形器的属性面板中，"尺寸"用于调整变形器的大小，"模式"用于调整斜切的形态，"强度"用于调整斜切的强度，"角度"用于调整斜切后的角度，"弯曲"用于调整斜切后元素的弯曲程度，"圆角"用于调整斜切后圆角变化，"匹配到父级"用于自动适配父级的位置及大小，如图6-35所示。

知识点 2　斜切变形器应用案例

　　使用斜切变形器 可以使模型形态产生斜切变形效果。下面使用斜切变形器制作

图6-36所示场景中的主体模型。

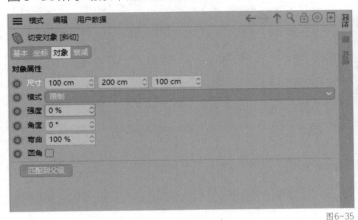

图6-35

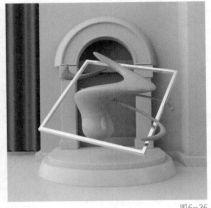

图6-36

操作步骤

01 打开素材中相应的工程文件，在此基础上进行制作。

02 在主菜单栏中执行"创建-参数对象-胶囊"命令，在场景中创建一个胶囊对象，在斜切变形器的对象选项卡中调整胶囊"高度""高度分段"和"封顶分段"如图6-37所示。胶囊分段应分布得尽量均匀，如图6-38所示。如果胶囊表面未显示分段，可以在透视视图窗口的菜单栏中执行"显示-光影着色（线条）"命令，如图6-40所示。

图6-37

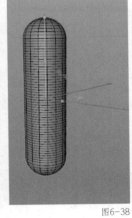

图6-38

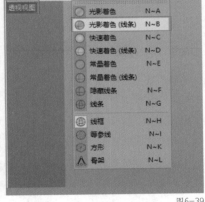

图6-39

03 在主菜单栏中执行"创建-变形器-斜切"命令，在场景中创建一个斜切对象，把"斜切"作为"胶囊"的子级。在斜切变形器的对象选项卡中单击"匹配到父级"按钮，斜切变形器会自动适配父级的位置及大小，如图6-40所示。

04 在斜切变形器的对象选项卡中调整"强度""角度""弯曲"和"圆角"，可以看到圆柱产生不同形态，如图6-41所示。

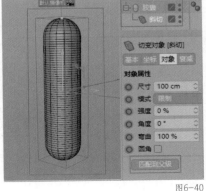

图6-40

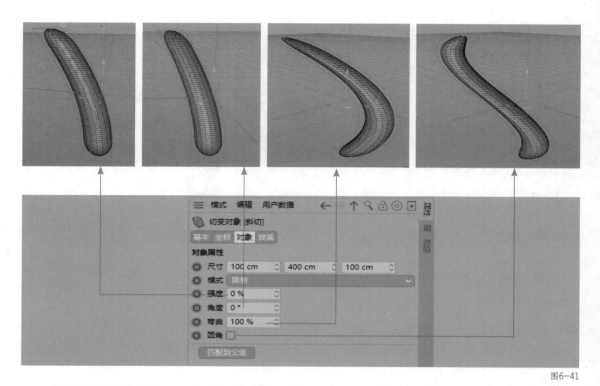

图6-41

至此，本节已讲解完毕，请扫描图6-42所示二维码观看视频进行知识回顾。

图6-42

第5节 锥化变形器

在制作特殊模型时，如制作锥化模型，通常会先制作未产生锥化的模型，再利用锥化变形器使模型产生锥化效果。

模型添加锥化变形器前后的对比效果如图6-43所示。

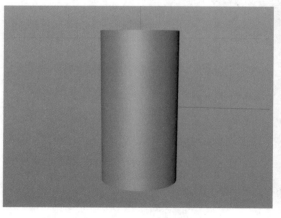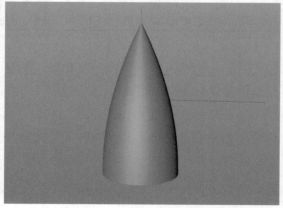

图6-43

知识点 1 锥化变形器基本属性

在锥化变形器的属性面板中,"尺寸"用于调整变形器的大小,"模式"用于调整锥化的形态,"强度"用于调整锥化的强度,"角度"用于调整锥化后的角度,"弯曲"用于调整锥化后的弯曲程度,"圆角"用于调整锥化后圆角变化,"匹配到父级"用于自动适配父级的位置及大小,如图6-44所示。

知识点 2 锥化变形器应用案例

使用锥化变形器 可以使模型形态产生锥化变形效果。下面使用锥化变形器制作图6-45所示场景中的主体模型。

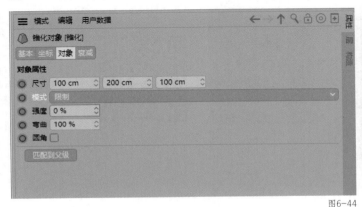

图6-44

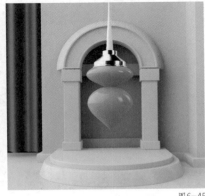

图6-45

操作步骤

01 打开素材中相应的工程文件,在此基础上进行制作。

02 在主菜单栏中执行"创建-参数对象-球体"命令,在场景中创建一个球体对象,在球体的对象选项卡中将"分段"设置为"100",如图6-46所示。

03 在主菜单栏中执行"创建-变形器-锥化"命令,在场景中创建一个锥化变形器,将"锥化"作为"球体"的子级。在锥化变形器的对象选项卡中单击"匹配到父级"按钮,锥化变形器会自动适配父级的位置及大小,如图6-47所示。

图6-46

图6-47

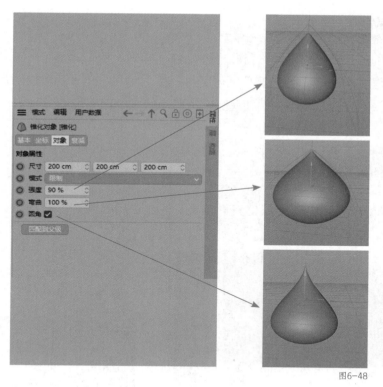

04 在锥化变形器的对象选项卡中调整"强度""弯曲"数值，勾选"圆角"，球体将产生不同形态，如图6-48所示。

至此，本节已讲解完毕，请扫描图6-49所示二维码观看视频进行知识回顾。

图6-48　　　　　　图6-49

第6节　螺旋变形器

在制作特殊模型时，如制作螺旋模型，通常会先制作未产生螺旋的模型，再利用螺旋变形器使模型产生螺旋效果。

模型添加螺旋变形器前后的对比效果如图6-50所示。

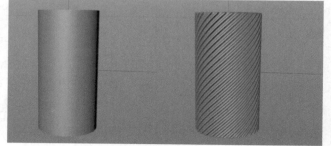

图6-50

知识点 1　螺旋变形器基本属性

在螺旋变形器属性面板中，"尺寸"用于调整变形器的大小，"模式"用于调整螺旋的形态，"角度"用于调整螺旋的旋转角度，"匹配到父级"用于自动适配父级的位置及大小，如图6-51所示。

知识点 2　螺旋变形器应用案例

使用螺旋变形器 可以使模型产生螺旋效果。下面使用螺旋变形器制作图6-52所示场景中的主体模型。

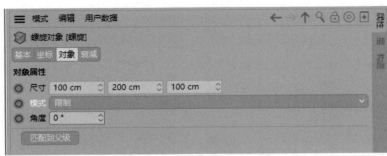

图6-51　　　　　　　　　　　　　　　　　　　　　　　图6-52

操作步骤

01　打开素材中相应的工程文件，在此基础上进行制作。

02　在主菜单栏中执行"创建－参数对象－球体"命令，在场景中创建一个球体对象，在球体的对象选项卡中将"分段"设置为"24"，如图6-53所示。

03　选择球体，将其转为可编辑对象，如图6-54所示。

04　选择球体，在编辑模式工具栏中选择多边形模式，在视图窗口中单击鼠标右键，执行"循环选择"命令，快捷键为U～L，如图6-55所示。

图6-53

图6-54　　　　　　　　　　　　　　　　　　　　　　　图6-55

05　按住Shift键单击球体上的循环面，如图6-56所示。

06　在视图窗口中单击鼠标右键，执行"挤压"命令，如图6-57所示。

图6-56　　　　　　　　　　　　　　　　　　　　　　　图6-57

07 按住鼠标左键向右拖曳，选中的面会挤出厚度，如图6-58所示。

08 在主菜单栏中执行"创建－变形器－螺旋"命令，在场景中创建一个螺旋对象，将螺旋变形器作为"球体"的子级。在螺旋变形器的对象选项卡中单击"匹配到父级"按钮，螺旋变形器会自动适配父级的位置及大小，如图6-59所示。

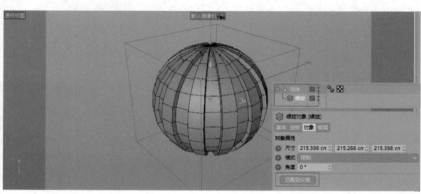

图6-58　　　　　　　　　　　　　　　　　　　　　　　图6-59

09 在螺旋变形器的对象选项卡中将"角度"设置为"150°"，如图6-60所示。参数为正数或负数时，旋转的方向会不同。

10 添加细分曲面生成器，将其作为"球体"的父级，如图6-61所示。

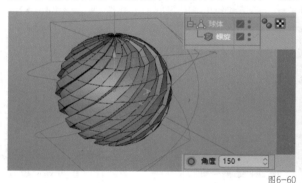
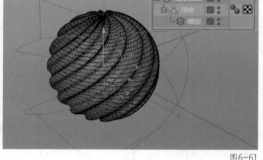

图6-60　　　　　　　　　　　　　　　　　　　　　　　图6-61

11 在主菜单栏中执行"创建－参数对象－圆柱"命令，在场景中创建一个圆柱对象，在圆柱的对象选项卡中调整圆柱"高度"、圆柱"半径"和位置，如图6-62所示。

至此，本节已讲解完毕，请扫描图6-63所示二维码观看视频进行知识回顾。

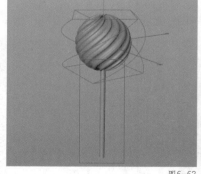

图6-62　　　　　　图6-63

第7节　摄像机变形器

在制作特殊模型时，如制作摄像机变形模型，通常会先制作未产生变形的模型，再利用摄像机变形器使模型产生摄像机变形效果。

模型添加摄像机变形器前后的对比效果如图6-64所示。

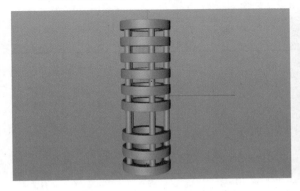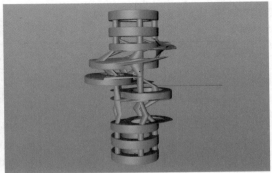

图6-64

知识点 1 摄像机变形器基本属性

在摄像机变形器的属性面板中，"重置"按钮用于清除之前操作，"摄像机"用于选择参与变形的摄像机，"强度"是指产生摄像机变形的强度，"网格X"与"网格Y"用于调整视图窗口中网格的分布，勾选"安全框"可以在视图窗口中显示安全框，缴活"绘制网格"可以更改网格的显示设置，如图6-65所示。

知识点 2 摄像机变形器应用案例

使用摄像机变形器  可以使模型形态产生变形效果。下面将使用摄像机变形器制作图6-66所示场景中的主体模型。

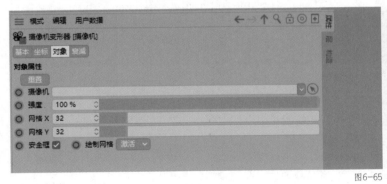

图6-65

图6-66

操作步骤

01 打开素材中相应的工程文件，在此基础上进行制作，如图6-67所示。

02 在主菜单栏中执行"创建－变形器－摄像机"命令，在场景中创建一个摄像机变形器，将其作为"小塔"的子级，如图6-68所示。

03 在主菜单栏中执行"创建－摄像机－摄像机"命令，在场景中创建一个摄像机，如图6-69所示。

04 在摄像机变形器的对象选项卡中将"摄像机"对象拖曳到"摄像机"选项右侧框内，如

图6-70所示。

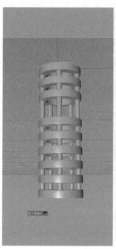

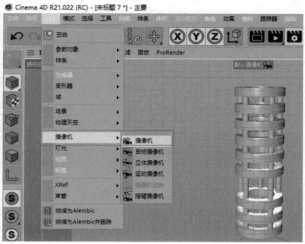

图6-67　　　　　　　　　　　　图6-68　　　　　　　　　　　　图6-69

05 选择摄像机变形器，画面中会出现网格线。选择工具栏中的实时选择工具，选择编辑模式工具栏中的点模式，网格上面会出现小黑点，如图6-71所示。

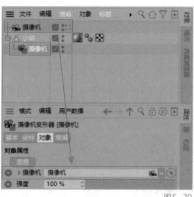
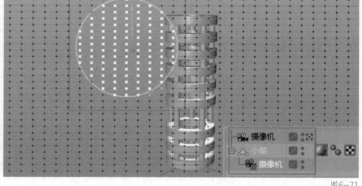

图6-70　　　　　　　　　　　　　　　　　　　　　　　　图6-71

06 选择部分点进行轴向移动，小塔模型将产生拉伸效果，如图6-72所示。

07 在摄像机的坐标选项卡中（注意不是摄像机变形器）对"P.Y"数值进行调整，使小塔模型产生拉伸动画，如图6-73所示。

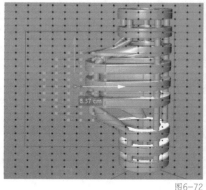

图6-72　　　　　　　　　　　　　　　　　　　　　　　　图6-73

至此，本节已讲解完毕，请扫描图6-74所示二维码观看视频进行知识回顾。

图6-74

第8节 修正变形器

在制作特殊模型时，要对未C掉的模型进行调整，须先为模型添加修正变形器。

模型添加修正变形器前后的对比效果如图6-75所示。

知识点 1 修正变形器基本属性

在修正变形器的属性面板中，勾选"锁定"可以对变形器进行保护，"缩放"用于调整对变形器的缩放，"映射"用于调整修正变形器的几种模式，"强度"用于调整修正变形器的强度，"更新"用于更新变形器效果，"冻结"可以冻结当前设置的参数，"重置"可以对变形器参数进行还原操作，如图6-76所示。

知识点 2 修正变形器应用案例

使用修正变形器 ，可以在参数对象不转换为可编辑对象的情况下，使其产生修正变形效果。

下面将使用修正变形器制作图6-77所示场景中的主体模型。

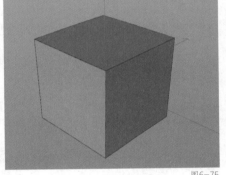

图6-75

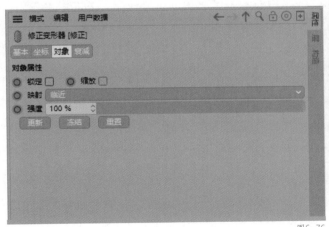

图6-76

图6-77

操作步骤

01 打开素材中相应的工程文件，在此基础上进行制作，如图6-78所示。

02 在主菜单栏中执行"创建－变形器－修正"命令，在场景中创建一个修正变形器，把"修正"作为"胶囊A"的子级。变形器的顺序是"样条约束"在上，"修正"在下，如图6-79所示，选择修正变形器。

> **提示** 一定要注意变形器的上下层关系。本节使用了样条约束变形器，后面会单独讲解样条约束变形器的使用方法。

03 在编辑模式工具栏中选择面模式，在主菜单栏中执行"选择－循环选择"命令。按住Shift键单击模型上的面，在主菜单栏中执行"选择－设置选集"命令，如图6-80所示。

04 修正变形器后的标签区域会出现一个黄色的小三角图标，如图6-81所示，这就是多边形选集标签。

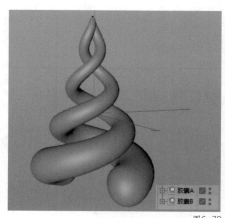

图6-78

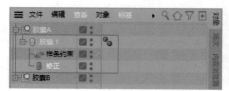

图6-79

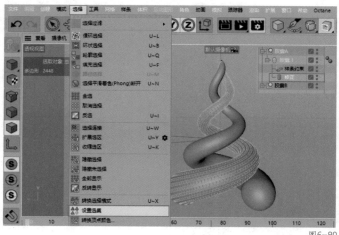

图6-80

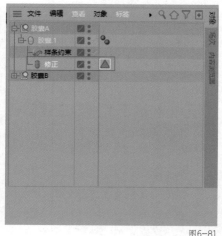

图6-81

> **提示** 选集标签是Cinema 4D中不可缺少的组成部分，后面会对标签进行详细讲解。

05 在材质面板中选择红色材质球，将其拖曳到"胶囊A"上，作为胶囊A的材质，把黄色材质也拖曳到"胶囊A"上，如图6-82所示。

06 在对象面板中选择修正变形器后面的多边形选集标签，将其拖曳到"胶囊A"上，作为胶囊A的标签元素，如图6-83所示。

07 单击"胶囊A"标签区的黄色材质球。把多边形选集标签拖曳到黄色材质球属性面板中的"选集"右侧框内。可以看到视图窗口中胶囊A的材质发生改变，如图6-84所示。

修正变形器的作用是对参数化模型的点、边和面进行编辑调整。

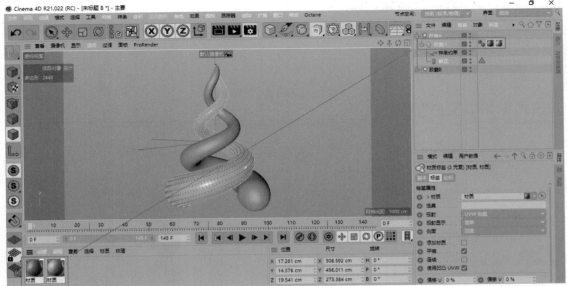

图6-82

图6-83

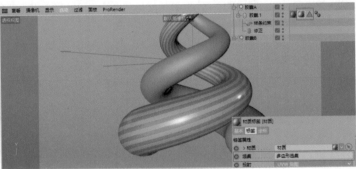

图6-84

　　至此，本节已讲解完毕，请扫描图6-85所示二维码观看视频进行知识回顾。

图6-85

第9节　FFD变形器

　　在制作特殊模型时，如制作变形模型，通常会先制作未产生变形的模型，再利用FFD变形器使模型产生变形效果。

　　模型添加FFD变形器前后的对比效果如图6-86所示。

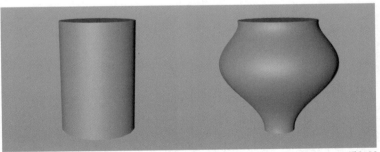

图6-86

知识点 1 FFD 变形器基本属性

在 FFD 变形器的属性面板中，"栅格尺寸"用于调整变形器的大小，3 个网点选项用于调整 3 个轴向的网格数量，"匹配到父级"用于自动适配父级的位置及大小，如图 6-87 所示。

知识点 2 FFD 变形器应用案例

FFD 变形器  用于对场景中的模型进行网格控制变形。下面将使用 FFD 变形器制作图 6-88 所示场景中的主体模型。

图6-87

图6-88

操作步骤

`01` 打开素材中相应的工程文件，在此基础上进行制作。

`02` 在主菜单栏中执行"创建-参数对象-圆柱"命令，在场景中创建一个圆柱对象，在圆柱的对象选项卡中将"高度"设置为"400cm"，将"高度分段"设置为"60"，如图 6-89 所示。如圆柱表面未显示分段，则在透视视图的菜单栏中执行"显示-光影着色（线条）"命令，或者按快捷键 N ～ B。

`03` 在主菜单栏中执行"创建-变形器-FFD"命令，在场景中创建一个 FFD 变形器，将其作为"圆柱"的子级。在 FFD 变形器的对象选项卡中单击"匹配到父级"按钮，FFD 变形器会自动适配父级的位置及大小，如图 6-90 所示。

`04` 在 FFD 变形器的对象选项卡中调整"垂直网点"的数值，该数值控制的是视图窗口中 FFD 变形器上的网格数量，如图 6-91 所示。

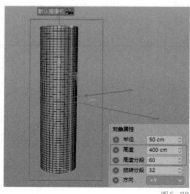

图6-89

图6-90

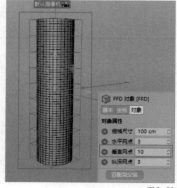

图6-91

05 单击FFD变形器，在编辑模式工具栏中选择点模式，在工具栏中选择框选工具，在视图窗口中选择需要调整的点，如图6-92所示。

06 选择点后点会从黑色转换成黄色，代表已经被选中。将框选工具切换成缩放工具，在视图窗口中按住鼠标左键进行拖曳，可以看到模型形态发生变化，如图6-93所示。

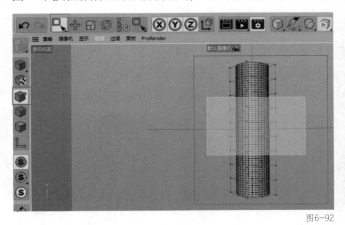

图6-92

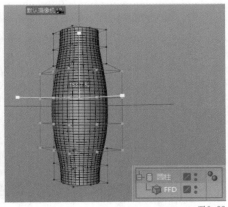

图6-93

圆柱会根据FFD变形器的变形框的变化而发生变化，可以根据自己的需求进行调整。如需收紧模型，则使用缩放工具在视图窗口中向左拖曳即可。

至此，本节已讲解完毕，请扫描图6-94所示二维码观看视频进行知识回顾。

图6-94

第10节 网格变形器

在制作特殊模型时，如想要通过一个简单模型控制一个复杂模型，通常会先制作两个模型，再利用网格变形器使简单模型可以控制复杂模型的形态。

模型添加网格变形器前后的对比效果如图6-95所示。

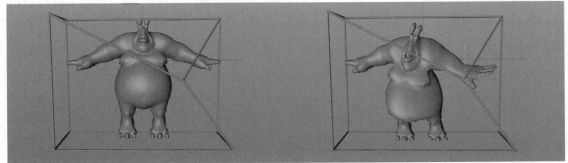

图6-95

知识点 1 网格变形器基本属性

在网格变形器属性面板中，"初始化"用于记录当前信息为初始，"恢复"用于清除初始记录信息，"强度"用于调整网格变形器的强度，"网笼"用于指定简单模型进行控制，"精度"用于调整网格变形的精度，如图6-96所示。

知识点 2　网格变形器应用案例

网格变形器  是对场景中模型进行网格变形的工具。

下面将使用网格变形器制作图6-97所示场景中的主体模型。

图6-96

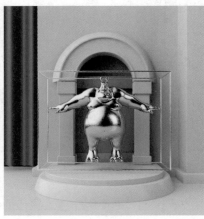

图6-97

操作步骤

01　打开素材中相应的工程文件，会在视图窗口中显示一个卡通角色模型场景，在此基础上进行制作。

02　在主菜单栏中执行"创建-参数对象-立方体"命令，在场景中创建一个立方体对象，在立方体的对象选项卡中调整立方体尺寸，要让立方体包裹住卡通角色模型。

为了观察方便，在立方体的基本选项卡中勾选"透显"，如图6-98所示。

03　选择立方体模型，在编辑模式工具栏中将其转为可编辑对象。

04　在主菜单栏中执行"创建-变形器-网格"命令，在场景中创建一个网格变形器，把"网格"作为"卡通角色"模型的子级，如图6-99所示。

05　在网格变形器的对象选项卡中将"立方体"拖曳到"网笼"右侧的框内，单击"初始化"按钮，如图6-100

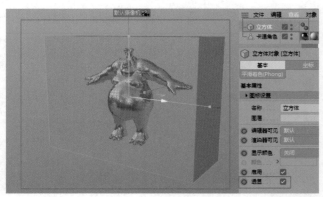

图6-98

所示，记录当前模型之间的联系，方便后期进行交互调整。

06　选择立方体模型，在编辑模式工具栏中选择点模式，选择立方体上的任意一个点进行拖曳，卡通角色模型会发生变形，如图6-101所示。

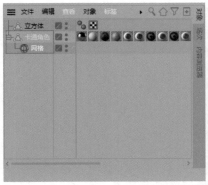
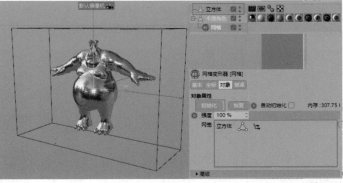

图6-99 图6-100

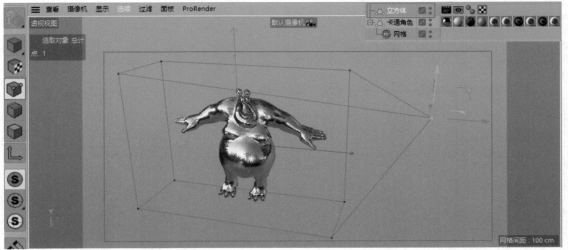

图6-101

> **提示** 网格变形器是用一个模型的网格控制另一个模型形态变化。

至此，本节已讲解完毕，请扫描图6-102所示二维码观看视频进行知识回顾。

图6-102

第11节 爆炸变形器

在制作特殊模型时，如制作爆炸模型，通常会先制作未产生爆炸的模型，再利用爆炸变形器使模型产生爆炸效果。

添加爆炸变形器前后的对比效果如图6-103所示。

知识点1 爆炸变形器基本属性

爆炸变形器的属性面板中，"强度"用于调整爆炸的强度，数值为0时不爆炸，数值为100时爆炸结束；"速度"用于调整碎片到爆炸中心的距离，数值越小碎片到中心距离越近，数值越大碎片到中心距离越远；"角速度"用于调整爆炸碎片的旋转角度；"终点尺寸"用于调整爆炸后爆炸碎片的最终尺寸，"随机特性"用于设置爆炸的随机效果，如图6-104所示。

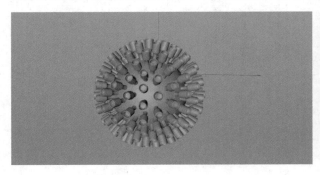

图6-103

知识点 2 爆炸变形器应用案例

使用爆炸变形器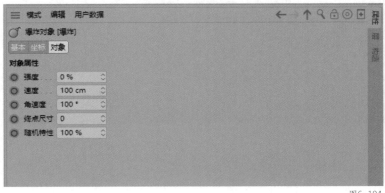可以使模型产生爆炸效果。

下面将使用爆炸变形器制作图6-105所示场景中的主体模型。

图6-104

图6-105

操作步骤

01 打开素材中相应的工程文件，会在视图窗口中显示圆球模型，如图6-106所示，在此基础上进行制作。

02 在主菜单栏中执行"创建-变形器-爆炸"命令，在场景中创建一个爆炸变形器，把爆炸变形器作为"球体"的子级，如图6-107所示。

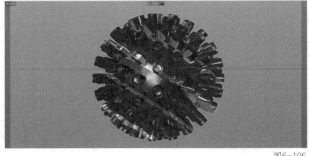

图6-106

图6-107

03 在爆炸变形器的对象选项卡中将"强度"设置为10%，可以看到球体已经产生了爆炸效果，如图6-108所示。

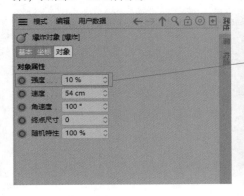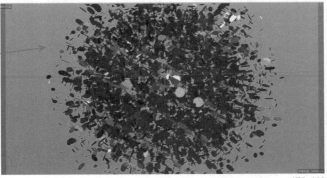

图6-108

至此，本节已讲解完毕，请扫描图6-109所示二维码观看视频进行知识回顾。

图6-109

第12节 爆炸FX变形器

在制作特殊模型时，如制作爆炸模型，通常会先制作未产生爆炸的模型，再利用爆炸FX变形器使模型产生爆炸效果。

模型添加爆炸FX变形器前后的对比效果如图6-110所示。

图6-110

知识点1 爆炸FX变形器基本属性

爆炸FX变形器对象选项卡中的"时间"用于调整爆炸完成时间，如图6-111所示。

爆炸FX变形器爆炸选项卡中的参数用于调整爆炸过程中的细节，如图6-112所示。

爆炸FX变形器簇选项卡中的参数用于调整爆炸后爆炸碎片的形态，如图6-113所示。

图6-111

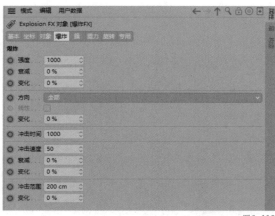

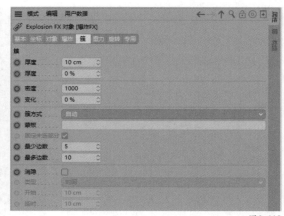

图6-112

图6-113

爆炸FX变形器重力选项卡中的参数用于调整爆炸中的重力，如图6-114所示。

知识点 2 爆炸 FX 变形器应用案例

使用爆炸FX变形器  可以使模型产生更逼真的爆炸效果。

下面将使用爆炸FX变形器制作图6-115所示场景中的主体模型。

图6-114

图6-115

操作步骤

01 打开素材中相应的工程文件，会在视图窗口中显示球体场景，如图6-116所示，在此基础上进行制作。

02 在主菜单栏中执行"创建-变形器-爆炸FX"命令，在场景中创建一个爆炸FX变形器，把爆炸FX变形器作为"球体"的子级，如图6-117所示。

图6-116

图6-117

03 视图中球体模型产生爆炸效果，如图6-118所示。

04 在爆炸FX变形器的对象选项卡中将"时间"设置为"20%"，模型会产生爆炸效果，如图6-119所示。数值越大，球体爆炸效果越强烈。

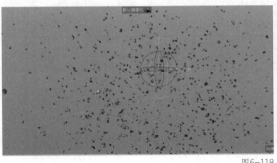

图6-118

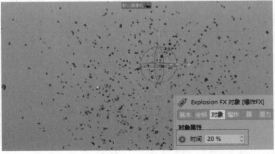

图6-119

05 若要调整爆炸FX变形器掉落效果，在爆炸FX变形器的重力选项卡中将"加速度"设置为"0"，球体变化形态就会发生改变，如图6-120所示。

06 选择移动工具，选择爆炸FX变形器轴向并调整位置，可以看到会从局部发生爆炸，如图6-121所示。

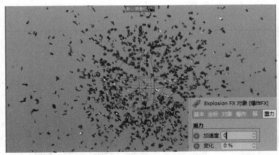

图6-120

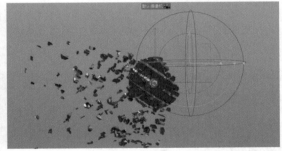

图6-121

爆炸FX变形器与爆炸变形器有一些区别：爆炸FX变形器属于高级爆炸变形器，爆炸变形器属于基础爆炸变形器；除此之外，爆炸FX变形器爆炸之后爆炸碎片有厚度，爆炸变形器爆炸之后爆炸碎片没有厚度。

至此，本节已讲解完毕，请扫描图6-122所示二维码观看视频进行知识回顾。

图6-122

第13节 融解变形器

在制作特殊模型时，如制作融解模型，通常会先制作未产生融解的模型，再利用融解变形器使模型产生融解效果。

模型添加融解变形器前后的对比效果如图6-123所示。

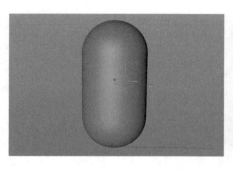
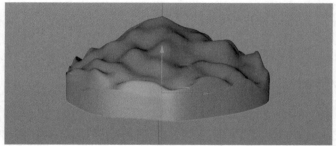

图6-123

知识点 1 融解变形器基本属性

在融解变形器的属性面板中，"强度"用于调整融解效果的强弱，"半径"用于调整模型融解时的变化半径，"垂直随机"和"半径随机"用于调整融解对象的垂直与半径随机大小，"融解尺寸"用于调整模型融解后的尺寸大小，"噪波缩放"用于调整模型噪波缩放大小变化，如图6-124所示。

知识点 2 融解变形器应用案例

使用融解变形器 融解 可以使模型产生融解变形效果。

下面将使用融解变形器制作图6-125所示场景中的主体模型。

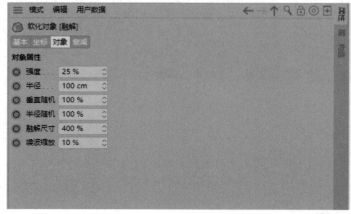

图6-124

图6-125

操作步骤

01 打开素材中相应的工程文件，会在视图窗口中显示水壶模型，在此基础上进行制作。

02 在主菜单栏中执行"创建－变形器－融解"命令，在场景中创建一个融解变形器，把融解变形器作为"水壶"的子级，如图6-126所示。

03 调整融解变形器的各个参数，水壶的形态也会发生相应变化，如图6-127所示。

图6-126

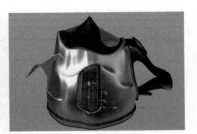

弧度 7%　　　　　　　　　　　　半径 100cm

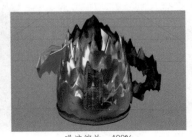

垂直随机 100%　　　　　　融解尺寸 400%　　　　　噪波缩放 400%

图6-127

04 在工具栏中长按"细分曲面"按钮，将"细分曲面"作为"水壶"模型的父级，如图6-128所示。

至此，本节已讲解完毕，请扫描图6-129所示二维码观看视频进行知识回顾。

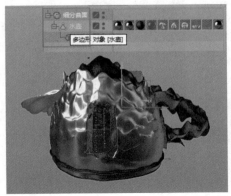

图6-128　　　　　　　　　　图6-129

第14节　破碎变形器

在制作特殊模型时，如制作破碎模型，通常会先制作未产生破碎的模型，再利用破碎变形器使模型产生破碎效果。

模型添加破碎变形器前后的对比效果如图6-130所示。

知识点1　破碎变形器基本属性

在破碎变形器的属性面板中，"强度"用于调整破碎的开始与结束，0%时破碎开始，100%时破碎结束；"角速度"用于调整破碎后碎片的旋转角度；"终点尺寸"用于调整破碎结束后碎片的大小;"随机特性"用于调整破碎形态的随机比例,如图6-131所示。

图6-130

知识点 2 破碎变形器应用案例

使用破碎变形器 可以使模型产生破碎变形效果。

下面将使用破碎变形器制作图6-132所示场景中的主体模型。

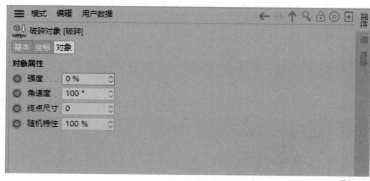

图6-131

图6-132

操作步骤

01 打开素材中相应的工程文件,在此基础上进行制作。

02 在主菜单栏中执行"创建-变形器-破碎"命令,在场景中创建一个破碎变形器,把破碎变形器作为小汽车的子级,如图6-133所示。

03 在破碎变形器的对象选项卡中将"强度"设置为21%,如图所示,小汽车模型的破碎效果如图6-134所示。

图6-133

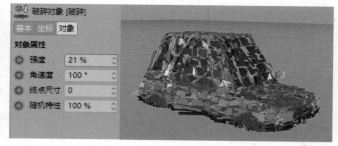

图6-134

至此，本节已讲解完毕，请扫描图6-135所示二维码观看视频进行知识回顾。

图6-135

第15节 颤动变形器

在制作特殊模型时，如制作颤动模型，通常会先制作未产生颤动的模型，再利用颤动变形器使模型产生颤动效果。

模型添加颤动变形器前后的对比效果如图6-136所示。

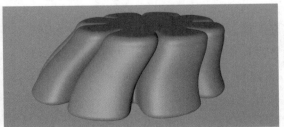

图6-136

知识点 1 颤动变形器基本属性

在颤动变形器的属性面板中，主要的参数位于对象选项卡中。"强度"用于调整颤动效果的强弱，"硬度"用于调整模型动态的软硬程度，"黏滞"用于调整颤动效果的细节黏滞效果，如图6-137所示。

知识点 2 颤动变形器应用案例

使用颤动变形器 🔧 颤动 可以使模型产生颤动变形效果。

下面将使用颤动变形器制作图6-138所示场景中的主体模型。

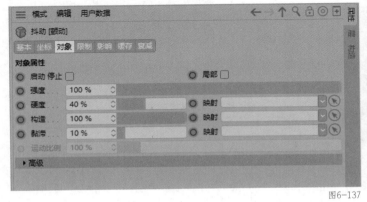

图6-137

图6-138

操作步骤

01 打开素材中相应的工程文件，会在视图窗口中显示果冻模型，在此基础上进行制作。

02 选择果冻模型，在工具栏中选择移动工具，单击"记录活动对象"按钮 ⏺，在时间线面板中会显示记录的关键帧 ，如图6-139所示。

03 选中时间线面板中的时间滑块，将其拖曳带到第40帧的位置，如图6-140所示。

04 在果冻模型的坐标选项卡中将坐标P.X数值设置为"800cm"，如图6-141所示，表示果冻元素向正x轴方向移动800cm。

图6-139

图6-140

05 单击时间线面板中的"记录活动对象"按钮，视图窗口中会出现果冻模型的时间线，如图6-142所示，说明动画记录成功。

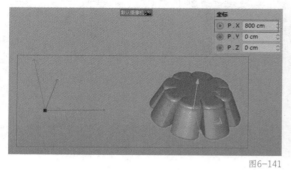

图6-141

图6-142

06 在主菜单栏中执行"创建－变形器－颤动"命令，在场景中创建一个颤动变形器，把颤动变形器作为果冻模型的子级。在颤动变形器的限制选项卡中将果冻标签区的权重标签 拖曳到"限制"右侧的框内，如图6-143所示。

07 单击时间线面板中的"向前播放"按钮，视图窗口中的果冻模型会随机产生颤动效果的位移动画。若想果冻颤动效果更强，在颤动变形器的对象选项卡中将"硬度"设置为"10%"，再次单击"向前播放"按钮，如图6-144所示。

图6-143

　　至此，本节已讲解完毕，请扫描图6-145所示二维码观看视频进行知识回顾。

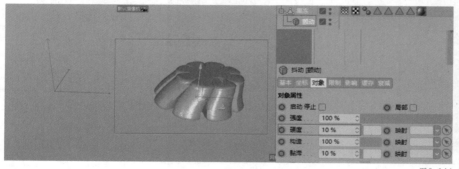

图6-144

图6-145

第16节 挤压&伸展变形器

在制作特殊模型时，如制作挤压或伸展模型，通常会先制作未产生挤压或伸展的模型，再利用挤压&伸展变形器使模型产生挤压或伸展效果。

模型添加挤压&伸展变形器前后的对比效果如图6-146所示。

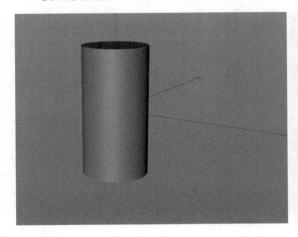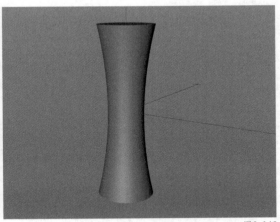

图6-146

知识点 1 挤压 & 伸展变形器基本属性

在挤压&伸展变形器的对象选项卡中，"顶部""中部"和"底部"用于调整变形的位置，"方向"是指变形后的方向，"因子"用于调整挤压或伸展的变化，"膨胀"用于调整挤压或伸展模型的膨胀变化，"平滑起点"和"平滑终点"用于调整平滑的位置，"弯曲"用于调整变形后的弯曲程度，"类型"用于调整挤压&伸展变形器的类型，"匹配到父级"用于自动适配父级的位置及大小，如图6-147所示。

知识点 2 挤压 & 伸展变形器应用案例

使用挤压&伸展变形器 ![挤压&伸展] 可以使模型产生挤压或伸展变形效果。

下面将使用挤压&伸展变形器制作图6-148所示场景中的主体模型。

操作步骤

01 打开素材中相应的工程文件，会在视图窗口中显示西红柿模型，在此基础上进行制作。

02 在主菜单栏中执行"创建－变形器－挤压&伸展"命令，在场景中创建一个挤压&伸展变形器，把挤压&伸展变形器作为西红柿模型的子级。在挤压&伸展变形器的对象选项卡中单击"匹配至父级"按钮，挤压&伸展变形器会自动适配父级的位置及大小，如图6-149所示。

03 在挤压&伸展变形器的对象选项卡中将"因子"设置为"231％"，如图6-150所示。

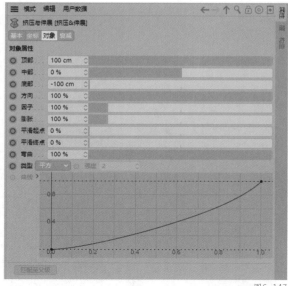

图6-147

图6-148

图6-149

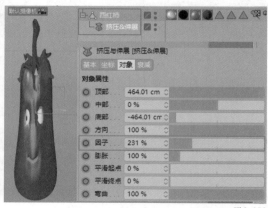

图6-150

04 在挤压＆伸展变形器的对象选项卡中调整挤压＆伸展变形器的参数，如图6-151所示，参数不同，模型的形态也不同，如图6-152所示。

至此，本节已讲解完毕，请扫描图6-153所示二维码观看视频进行知识回顾。

图6-151

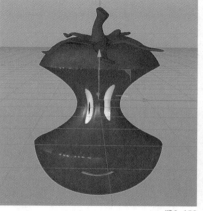

图6-152

图6-153

第17节 碰撞变形器

在制作特殊模型时，如制作碰撞模型，通常会先制作未产生碰撞的模型，再利用碰撞变形器使模型产生碰撞效果。

模型添加碰撞变形器前后的对比效果如图6-154所示。

知识点 1 碰撞变形器基本属性

在碰撞变形器属性面板中，对象选项卡用于调整碰撞后的形态，碰撞器选项卡用于调整参与碰撞结算的模型及解析器的类型，高级选项卡用于调整碰撞结算的细节，如图6-155所示。

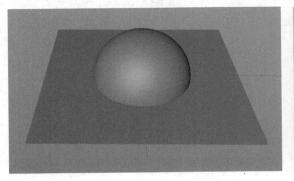

图6-154

知识点 2 碰撞变形器应用案例

使用碰撞变形器 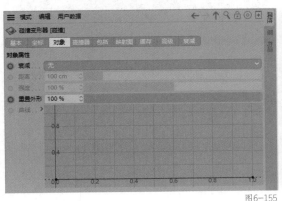 可使模型形态产生表面碰撞效果。

下面将使用碰撞变形器制作图6-156所示场景中的主体模型。

图6-155

图6-156

操作步骤

01 打开素材中相应的工程文件，会出现一个场景，这个场景是软件预设中自带的场景，在此基础上进行制作。为了更容易理解，可以建一个新的工程进行碰撞变形器效果制作。

02 在主菜单栏中执行"创建－参数对象－平面"命令，在场景中创建一个平面对象，在平面的对象选项卡中将平面"宽度分段"设置为"100",将"高度分段"设置为"100",如图6-157所示。如平面表面未显示分段,则在透视视图中的菜单栏中执行"显示-光影着色(线条)"命令,或者按快捷键N ~ B。

03 在主菜单栏中执行"创建-参数对象-球体"命令,在场景中创建一个球体对象。

04 在主菜单栏中执行"创建-变形器-碰撞"命令,在场景中创建一个碰撞对象,把碰撞作为平面的子级。在碰撞变形器的碰撞器选项卡中将球体模型拖曳到"对象"右侧的框内,如图6-158所示。

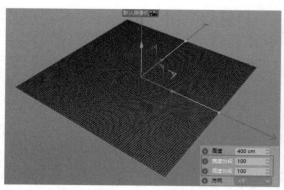

图6-157

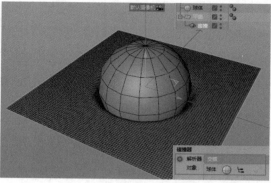

图6-158

05 在"球体"的基本选项卡中将"编辑器可见"和"渲染器可见"设置为"关闭",如图6-159所示。球体会被隐藏,球体对平面的碰撞效果会保留下来,在视图窗口中拖曳球体与平面发生碰撞。

06 在碰撞变形器的碰撞器选项卡中将"解析器"模式设置为"内部(强度)",如图6-160所示。

07 在视图窗口中上下拖曳球体,球体不会穿过平面。本案例效果是由头像、手结合平面及碰撞变形器制作完成的。

至此,本节已讲解完毕,请扫描图6-161二维码观看视频进行知识回顾。

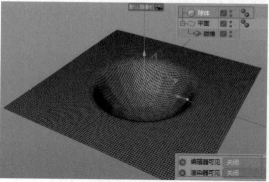

图6-159

图6-160

第18节 收缩包裹变形器

在制作特殊模型时,如制作收缩包裹模型,通常会先制作未产生收缩包裹的模型,后期再利用收缩包裹变形器使模型产生收缩效果。

图6-161

模型添加收缩包裹变形器前后的对比效果如图6-162所示。

图6-162

知识点 1 收缩包裹变形器基本属性

在收缩包裹变形器的对象选项卡中，"目标对象"用于调整收缩的目标对象，"模式"用于调整收缩包裹的模式，"强度"用于调整收缩包裹变形强度，如图6-163所示。

知识点 2 收缩包裹变形器应用案例

使用收缩包裹变形器 可以使A模型收缩包裹成B模型的形态。

下面将使用收缩包裹变形器制作图6-164所示场景中的主体模型。

操作步骤

01 打开素材中相应的工程文件，会在视图窗口中显示水壶模型，在此基础上进行制作。

02 在主菜单栏中执行"创建－参数对象－圆锥"命令，在场景中创建一个圆锥对象。

03 在主菜单栏中执行"创建－变形器－收缩包裹"命令，在场景中创建一个收缩包裹变形器，把收缩包裹变形器作为水壶的子级，在收缩包裹变形器的对象选项卡中将圆锥模型拖曳到"目标对象"右侧框内，如图6-165所示。

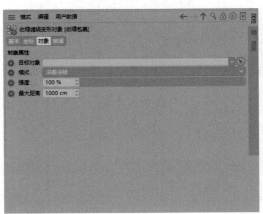

图6-163

图6-164

图6-165

04 在"圆锥"的基本选项卡中将"编辑器可见"和"渲染器可见"模式设置为"关闭",圆锥对象会被隐藏。

05 可以看到视图窗口中水壶的形态发生了变化,在收缩包裹变形器的对象选项卡中将"模式"设置为"目标轴",对水壶的形态做进一步调整,如图6-166所示。

至此,本节已讲解完毕,请扫描图6-167所示二维码观看视频进行知识回顾。

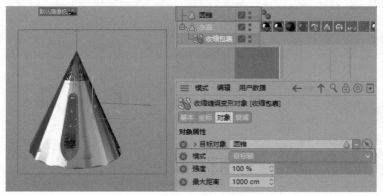 

图6-166　　　　　　　　　图6-167

第19节　球化变形器

在制作特殊模型时,如制作球化模型,通常会先制作未产生球化的模型,再利用球化变形器使模型产生球化效果。

模型添加球化变形器前后的对比效果如图6-168所示。

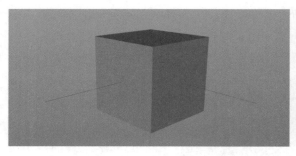 

图6-168

知识点 1　球化变形器基本属性

在球化变形器的对象选项卡中,"半径"用于调整模型球化后的半径,"强度"用于调整球化变形器的强度,"匹配到父级"用于自动适配父级的位置及大小,如图6-169所示。

知识点 2　球化变形器应用案例

使用球化变形器〇球化可使模型产生球化变形效果。

下面将使用球化变形器制作图6-170所示场景中的主体模型。

图6-169　　　　　　　　　　　　　　　　　　　　　　图6-170

操作步骤

01 打开素材中相应的工程文件，会在视图窗口中显示水壶模型，在此基础上进行制作。

02 在主菜单栏中执行"创建－变形器－球化"命令，在场景中创建一个球化变形器，把"球化"作为"水壶"的子级。在球化变形器的对象选项卡中单击"匹配到父级"按钮，如图6-171所示。

03 可以看到视图窗口中水壶的形态发生了球化，在球化变形器的对象选项卡中将"半径"设置为"200cm"，将"强度"设置为"84%"，对水壶的形态做进一步调整，如图6-172所示。半径数值决定球化变形的半径大小；"强度"数值决定球化变形的强度，0%时球化效果为0，100%时球化效果最佳。

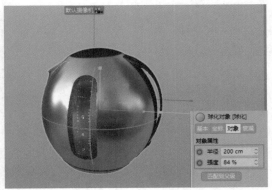

图6-171　　　　　　　　　　　　　　　　　　　　　　图6-172

至此，本节已讲解完毕，请扫描图6-173所示二维码观看视频进行知识回顾。

图6-173

第20节 平滑变形器

在制作特殊模型时，如制作平滑模型，通常会先制作未产生平滑的模型，后期再利用平滑变形器使模型产生平滑效果。

模型添加平滑变形器前后的对比效果如图6-174所示。

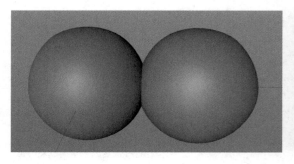 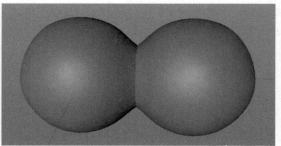

图6-174

知识点 1 平滑变形器基本属性

在平滑变形器的对象选项卡中，"初始化"用于记录当前所设置的参数，"恢复"用于清除当前平滑变形器参数，"强度"用于调整平滑后的强度，"类型"用于调整平滑的类型，"迭代"用于调整平滑变形器的精度，"硬度"用于调整平滑变形器的硬度，如图6-175所示。

知识点 2 平滑变形器应用案例

使用平滑变形器 可以使模型交叉边缘产生平滑效果。

下面将使用平滑变形器制作图6-176所示场景中的主体模型。

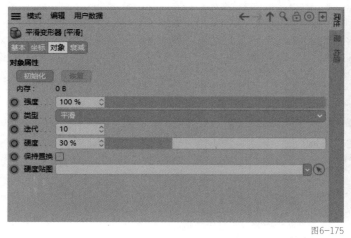

图6-175

图6-176

操作步骤

`01` 打开素材中相应的工程文件，在此基础上进行制作。

`02` 在主菜单栏中执行"创建-参数对象-球体"命令，在场景中创建两个球体对象，调整它们的位置如图6-177所示，模型之间要有交叉。如球体表面未显示分段，则在透视视图的菜单栏中执行"显示-光影着色（线条）"命令。

`03` 在主菜单栏中执行"创建-生成器-布尔"命令，将两个球体都作为"布尔"的子级，在布尔生成器的对象选项卡中将"布尔类型"设置为"A加B"，如图6-178所示。

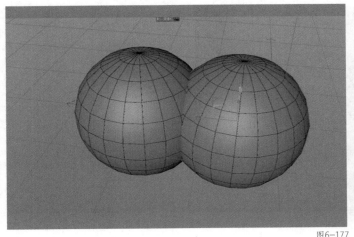

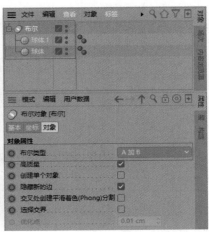

图6-177 图6-178

04 在主菜单栏中执行"创建－变形器－平滑"命令，在场景中创建一个平滑变形器，将平滑变形器作为"布尔"的子级。平滑变形器在对象面板中一定要放到两个球体模型的下方，如图6-179所示。

05 视图中的两个球体相交区域产生了平滑过渡效果，如图6-180所示。

至此，本节已讲解完毕，请扫描图6-181所示二维码观看视频进行知识回顾。

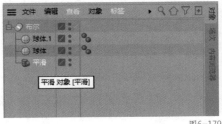

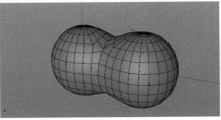

图6-179 图6-180 图6-181

第21节 表面变形器

在制作特殊模型时，如制作表面模型，通常会先制作未产生表面的模型，再利用表面变形器使模型产生表面效果。

知识点 1 表面变形器基本属性

在表面变形器的对象选项卡中，"类型"用于调整表面分布的类型，"初始化"用于调整记录表面变形器的当前参数设置，"恢复"用于清除当前变形器中设置的参数，"强度"用于调整表面变形器的强度，"表面"用于调整要参与表面变形的模型，如图6-182所示。

知识点 2 表面变形器应用案例

使用表面变形器 可以使模型A依附于模型B的表面。

下面将使用表面变形器制作图6-183所示场景中的主体模型。

图6-182

图6-183

操作步骤

`01` 打开素材中相应的工程文件，视图窗口显示网格球体场景工程，在此基础上进行制作。

`02` 在主菜单栏中执行"创建－变形器－表面"命令，在场景中创建一个表面变形器，把表面变形器作为"球体A"的子级。在表面变形器的对象选项卡中将B元素拖曳到"表面"右侧的框内，单击"初始化"按钮，如图6-184所示。

`03` 选择B元素，在视图窗口中移动B元素，球体A也会跟随B进行移动。

至此，本节已讲解完毕，请扫描图6-185所示二维码观看视频进行知识回顾。

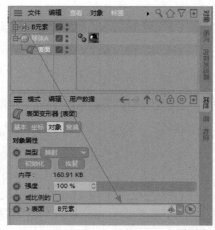

图6-184

图6-185

第22节　包裹变形器

在制作特殊模型时，如制作包裹模型，通常会先制作未产生包裹的模型，再利用包裹变形器使模型产生包裹效果。

模型添加包裹变形器前后的对比效果如图6-186所示。

知识点1　包裹变形器基本属性

在包裹变形器的对象选项卡中，"宽度""高度"和"半径"用于调整包裹变形器的尺寸及半径，"包裹"用于调整包裹变形器的类型，"经度起点"和"经度终点"用于调整包裹变形的角度值，"移动"用于调整包裹变形器竖向移动，"张力"用于调整包裹平面的张力大小，"匹配到父级"用于自动适配父级的位置及大小，如图6-187所示。

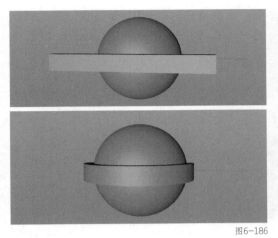

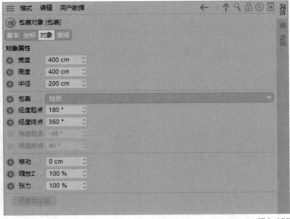

图6-186 　　　　　　　　　　　　　　　　　　　　图6-187

知识点 2　包裹变形器应用案例

使用包裹变形器  可以使模型产生包裹变形效果。

下面结合包裹变形器制作图6-188所示场景中的文字模型。

操作步骤

`01` 打开素材中相应的工程文件，在此基础上进行制作。

`02` 在主菜单栏中执行"创建-参数对象-球体"命令，在场景中创建一个球体对象。如模型表面未显示分段，则在透视视图中的菜单栏中执行"显示-光影着色（线条）"命令。

`03` 在主菜单栏中执行"创建-样条-文本"命令，在文本的对象选项卡中的"文本"右侧框内输入文字

图6-188

"HXSD"。将"对齐"设置为"中对齐"，并调整"高度"参数为"99.6cm"，如图6-189所示。

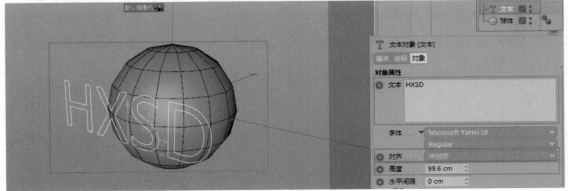

图6-189

161

04 在主菜单栏中执行"创建－生成器－挤压"命令，拖曳"文本"作为挤压生成器的子级，在挤压生成器的封盖选项卡中将"封盖类型"设置为"Delaunay"，如图6-190所示。

05 选择挤压生成器，单击鼠标右键，执行"群组对象"命令，如图6-191所示。

06 在主菜单栏中执行"创建－变形器－包裹"命令，拖曳包裹变形器为"空白"组元素的子级，如图6-192所示。

图6-190

图6-191

图6-192

07 在包裹变形器的对象选项卡中单击"匹配到父级"按钮，将"包裹"设置为"球状"，如图6-193所示。根据需要匹配模型的大小，调整包裹变形器的"宽度"与"半径"数值如图6-194所示。

08 单击"空白"组元素，调整其在视图窗口中的空间位置，与球体大小进行匹配，如图6-195所示。

图6-193

图6-194

图6-195

至此，本节已讲解完毕，请扫描图6-196所示二维码观看视频进行知识回顾。

图6-196

第23节 样条变形器

在制作特殊模型时，如制作结合样条形态的模型，通常会先制作未产生变形的模型，再利用样条变形器使模型产生样条对应的效果。

模型添加样条变形器前后的对比效果如图6-197所示。

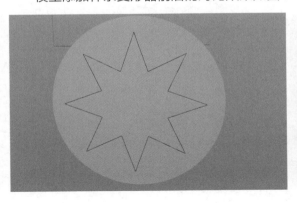

图6-197

知识点 1 样条变形器基本属性

在样条变形器的对象选项卡中，"原始曲线"与"修改曲线"用于调整参与变形的样条，"半径"用于调整样条变形器变形后的半径，如图6-198所示。

知识点 2 样条变形器应用案例

使用样条变形器 ◇ 样条 可以使模型跟随样条形态产生变形效果。

下面使用样条变形器制作图6-199所示场景中的元素。

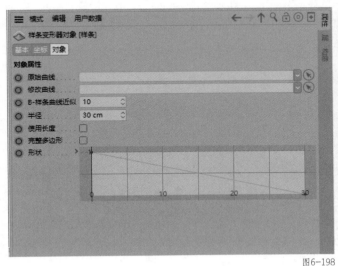

图6-198

图6-199

操作步骤

01 打开素材中相应的工程文件，在此基础上进行制作。

02 在主菜单栏中执行"创建-参数对象-圆盘"命令，在场景中创建一个圆盘对象，在圆盘的对象选项卡中将"圆盘分段"设置为"30"，将"旋转分段"设置为"90"，如图6-200所示。如模型表面未显示分段，则在透视视图的菜单栏中执行"显示－光影着色（线条）"命令。

03　在主菜单栏中执行"创建－变形器－样条"命令，在场景中创建一个样条变形器，将样条变形器作为"圆盘"的子级。

图6-200

04　在主菜单栏中执行"创建－样条－星形"命令，在场景中创建两条星形样条。在两条样条的对象选项卡中将"平面"设置为"XZ"，如图6-201所示。

05　选择星形样条，再选择缩放工具，分别缩放两条星形样条。保持一条星形样条大，一条星形样条小，如图6-202所示。

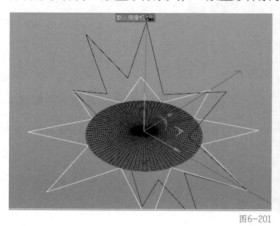

图6-201

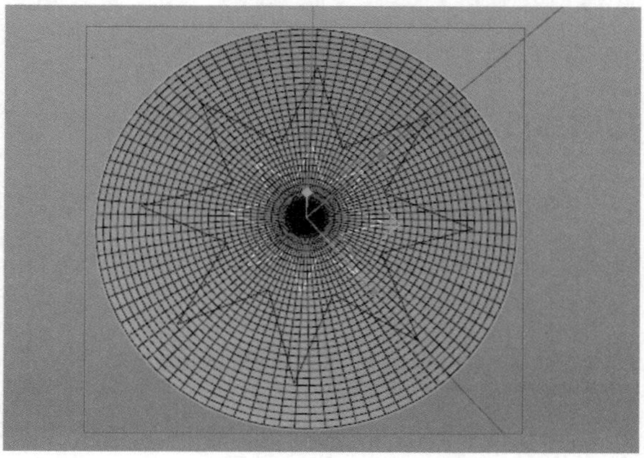

图6-202

06　在样条变形器的对象选项卡中将两条星形样条分别拖入"原始曲线"和"修改曲线"右侧框内，如图6-203所示。

07　选择移动工具，上下拖曳星形样条可以进一步调整模型的形态，如图6-204所示。

图6-203

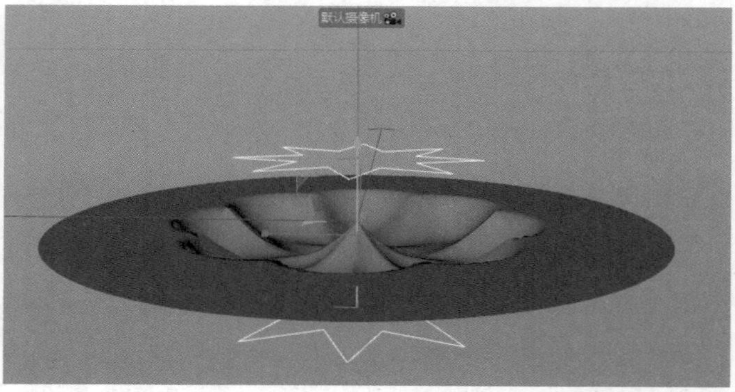

图6-204

08　样条变形器可以结合两条不同大小的样条对模型进行变形。

　　至此，本节已讲解完毕，请扫描图6-205所示二维码观看视频进行知识回顾。

图6-205

第24节 导轨变形器

在制作特殊模型时，如制作导轨模型，通常会先制作未产生导轨的模型，再利用导轨变形器使模型产生导轨效果。

模型添加导轨变形器前后的对比效果如图6-206所示。

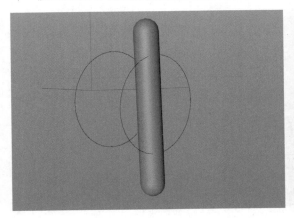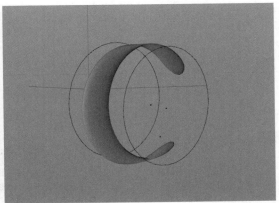

图6-206

知识点 1 导轨变形器基本属性

在导轨变形器的对象选项卡中，曲线用于调整参与导轨变形的曲线，"模式"用于调整导轨变形器中的模式，"尺寸"用于调整导轨变形器的大小，"开始之前缩放"和"终点之后缩放"用于调整变形后的形态，如图6-207所示。

知识点 2 导轨变形器应用案例

使用导轨变形器 ⬡ 导轨 可以使模型跟随导轨形态产生变形效果。

下面结合导轨变形器制作图6-208所示场景中的主体元素。

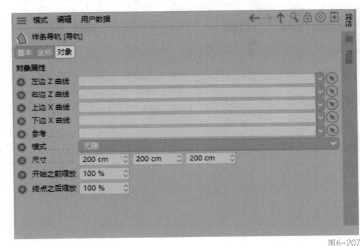

图6-207　　　　　　　　　　　　　　　图6-208

操作步骤

01 打开素材中相应的工程文件，在此基础上进行制作。

02 在主菜单栏中执行"创建-参数对象-球体"命令，在场景中创建一个球体对象，在球体的对象选项卡中调整球体分段，分段数尽量大一些。如模型表面未显示分段，则在透视视图的菜单栏中执行"光影着色（线条）"命令。

03 在主菜单栏中执行"创建-样条-圆环"命令，在场景中创建两个圆环对象，分别把两个圆环放到球体的两边，如图6-209所示。

04 在主菜单栏中执行"创建-变形器-导轨"命令，在场景中创建一个导轨变形器对象，将导轨变形器作为"球体"的子级。

05 在导轨变形器的对象选项卡中分别把两个圆环样条拖入"左边Z曲线"和"右面Z曲线"右侧框内，如图6-210所示。

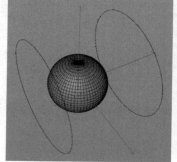

图6-209

图6-210

06 在导轨变形器的对象选项卡中调整"尺寸"数值图6-211所示。可以看到视图中的元素形态发生变化，如图6-212所示。

至此，本节已讲解完毕，请扫描图6-213所示二维码观看视频进行知识回顾。

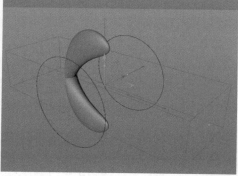

图6-211

图6-212

图6-213

第25节 样条约束变形器

在制作特殊模型时，如制作与样条形态类似的模型，通常会先制作未产生变形的模型，再利用样条变形器使模型产生样条约束效果。

模型添加样条变形器前后的对比效果如图6-214所示。

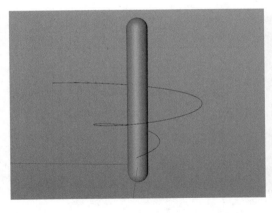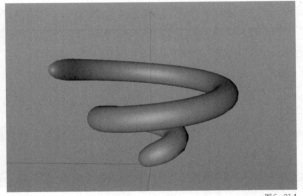

图6-214

知识点 1 样条约束变形器基本属性

在样条约束变形器的对象选项卡中，"样条"用于调整指定变形的样条，"轴向"用于调整变形的轴向，"强度"用于调整变形的强度，"偏移"用于调整样条约束后模型偏移程度，"起点"和"终点"用于调整约束的位置，"尺寸"用于调整样条约束后模型的尺寸，"旋转"用于调整样条约束后模型的旋转，"边界盒"用于调整样条约束变形器的大小及位置，如图6-215所示。

知识点 2 样条约束变形器应用案例

使用样条约束变形器 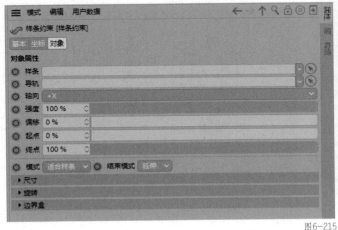可以使模型根据样条形态产生样条约束变形效果。

下面将使用样条约束变形器制作图6-216所示场景中的主体模型。

图6-215

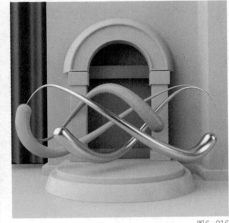

图6-216

操作步骤

01 打开素材中相应的工程文件，在此基础上进行制作。

02 在主菜单栏中执行"创建-参数对象-胶囊"命令，在场景中创建一个胶囊对象，在胶囊的对象选项卡中将胶囊"半径"设置为25cm、"高度"设置为"600cm"、"高度分段"设置为"50"、"封顶分段"设置为"10"、"旋转分段"设置为"16"，如图6-217所示，胶囊分段尽量分布均匀。如胶囊表面未显示分段，则在透视视图的菜单栏中执行"显示－光影着色（线条）"命令。

03 在主菜单栏中，执行"创建－样条－螺旋线"命令，在场景中创建一个胶囊对象，在螺旋线的对象选项卡中，将"起始半径"设置为"0cm"，如图6-218所示。

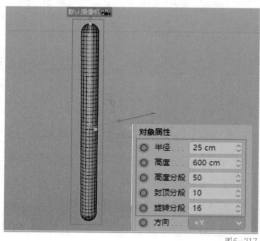

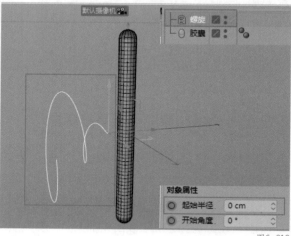

图6-217

图6-218

04 在主菜单栏中，执行"创建－变形器－样条约束"命令，在场景中创建1个样条约束变形器对象，将样条约束变形器作为"胶囊"的子级。在样条约束变形器的对象选项卡中拖曳螺旋样条到螺旋变形器右侧的框内，将"轴向"设置为"+Y"，如图6-219所示。

05 可以看到视图窗口中胶囊的形态发生变化，如图6-220所示。

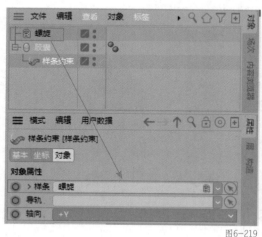

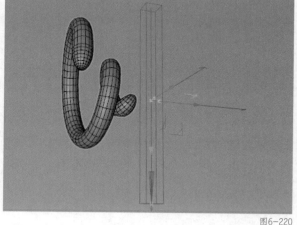

图6-219

图6-220

06 在样条变形器的对象选项卡中展开"尺寸"选项组，单击尺寸网格中起始位置的小黑点并将其往下拉，如图6-221所示。调整"尺寸"可以改变变形元素的形态大小。

07 可以看到视图窗口中胶囊的形态发生变化，如图6-222所示。

至此，本节已讲解完毕，请扫描图6-223所示二维码观看视频进行知识回顾。

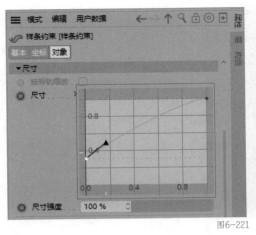

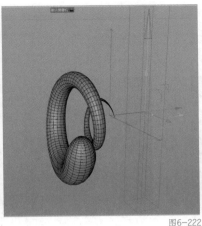

图6-221   图6-222   图6-223

第26节 置换变形器

在制作特殊模型时，如制作置换模型，通常会先制作未产生置换的模型，再利用置换变形器使模型产生置换效果。

模型添加置换变形器前后的对比效果如图6-224所示。

图6-224

知识点 1 置换变形器基本属性

在置换变形器的对象选项卡中，"强度"用于调整置换后的强度，"高度"用于调整置换变形高度，"方向"用于调整置换的方向；着色选项卡用于调整置换变形器指定的贴图，如图6-225所示。

知识点 2 置换变形器应用案例

使用置换变形器 置换 可以使模型产生置换变形效果。

下面将使用置换变形器制作图6-226所示场景中的主体模型。

操作步骤

01 打开素材中相应的工程文件，在此基础上进行制作。

02 在主菜单栏中执行"创建－参数对象－球体"命令，在场景中创建一个球体对象，在球体的对象选项卡中将"分段"设置为"200"，将"类型"设置为"二十面体"，如图6-227所示。如球体表面未显示分段，则在透视视图窗口的菜单栏中执行"显示－光影着色（线条）"命令。

图6-225 图6-226 图6-227

03 在主菜单栏中执行"创建－变形器－置换"命令，在场景中创建一个置换变形器，将置换变形器作为"球体"的子级。

04 在置换变形器的着色选项卡中单击着色器右侧的下拉按钮 着色器 ，选择"噪波"节点，如图6-228所示。

05 将噪波着色器中的"噪波"类型设置为"哈玛"，将"全局缩放"设置为"600％"，如图6-229所示。

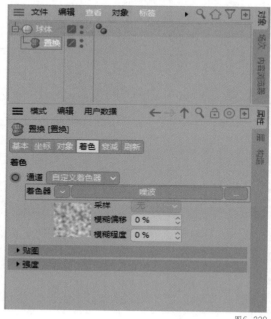

图6-228 图6-229

06 在置换变形器的对象选项卡中将"高度"设置为"40cm"，如图6-230所示，效果如图6-231所示。"高度"数值越大，球体变形的高度越高；"高度"数值越小，球体变形的高度越低。

至此，本节已讲解完毕，请扫描图6-232所示二维码观看视频进行知识回顾。

图6-230 图6-231 图6-232

第27节 公式变形器

在制作特殊模型时，如制作公式模型，通常会先制作未产生变形的模型，再利用公式变形器使模型产生公式变形效果。

模型添加公式变形器前后的对比效果如图6-233所示。

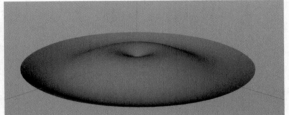

图6-233

知识点 1 公式变形器基本属性

在公式变形器的对象选项卡中，"尺寸"用于调整变形器的大小，"效果"用于调整公式变形的模式，"d（u, v, x, y, z, t）"是指通过右侧框内的数学公式进行计算，"匹配到父级"用于自动适配父级的位置及大小，如图6-234所示。

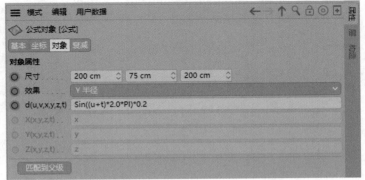

图6-234

知识点 2 公式变形器应用案例

使用公式变形器 ◇ 公式 可以使模型产生公式变形效果。

下面将使用公式变形器制作图6-235所示场景中的主体模型。

操作步骤

01 打开素材中相应的工程文件，在此基础上进行制作。

02 在主菜单栏中执行"创建－参数对象－圆盘"命令，在场景中创建一个圆盘对象，在圆盘的对象选项卡中调整圆盘分段、旋转分段，尽量使分段数高一些。如圆盘表面未显示分段，则在透视视图的菜单栏中执行"显示－光影着色（线条）"命令。

03 在主菜单栏中执行"创建－变形器－公式"命令，在场景中创建一个公式变形器，将公式变形器作为"圆盘"的子级。在公式的对象选项卡中单击"匹配到父级"按钮，公式变形器会自动适配父级的位置及大小。

04 单击"匹配到父级"按钮后，窗口视图中的平面变形效果就会消失，在公式变形器的对象选项卡中将"尺寸"的第2个数值设置为"100 cm"，如图6-236所示。

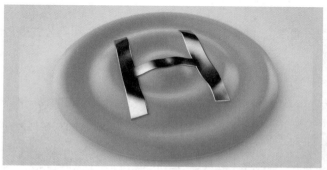
图6-235

图6-236

05 调整公式变形器的公式为Sin((u+t)*2.0*PI)*0.2，通过公式计算得出一定的公式变形效果，如图6-237所示。

06 调整公式中数值可以使圆盘模型产生相应变化。公式中的"2.0"代表的是公式起伏的圈数。"0.2"代表播放动画后的频率值，如图6-238所示。

图6-237

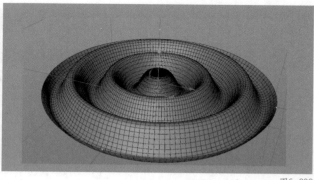
图6-238

至此，本节已讲解完毕，请扫描图6-239所示二维码观看视频进行知识回顾。

图6-239

第28节 变形变形器

在制作特殊模型时，如想让一个模型变形成另一个模型，通常会先制作两个不同形态的模型，再利用变形变形器使两个模型产生变形效果。

模型添加变形变形器前后的对比效果如图6-240所示。

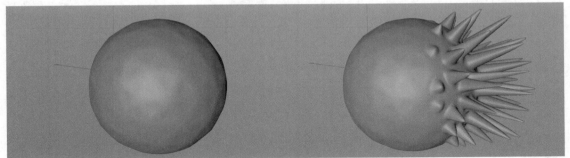

图6-240

知识点 1 变形变形器基本属性

在变形变形器的对象选项卡中，"强度"用于调整变形强度，"变形"用于调整指定姿态变形标签，如图6-241所示。

图6-241

知识点 2 变形变形器应用案例

使用变形变形器 🤚 变形 可以使模型产生变形效果。

下面将使用变形变形器制作图6-242所示场景中的主体模型。

操作步骤

01 打开素材中相应的工程文件，视图窗口中显示小球场景，在此基础上进行制作。

02 选择主体模型，单击鼠标右键，执行"装配标签-姿态变形"命令，添加姿态变形标签，如图6-243所示。

图6-242

图6-243

173

03 在姿态变形的基本选项卡中勾选"点",如图6-244所示。

04 在姿态变形的标签选项卡中单击 ▶高级 按钮,展开高级面板将目标模型拖曳到目标右侧框内,如图6-245所示。

05 在姿态变形的标签选项卡中将"模式"设置为"动画",如图6-246所示。

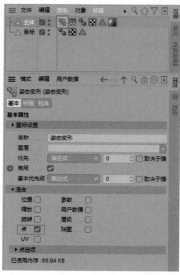

图6-244

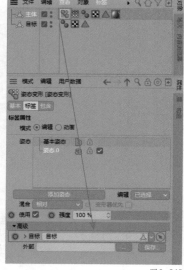

图6-245

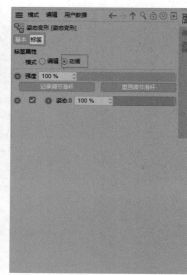

图6-246

06 在主菜单栏中执行"创建-变形器-变形"命令,在场景中创建一个变形变形器,将变形变形器作为主体模型的子级。将姿态变形拖曳到变形变形器右侧的框内,如图6-247所示。

07 在变形变形器的衰减选项卡中添加球体域。在视图窗口中使用移动工具移动球体域的位置,如图6-248所示。

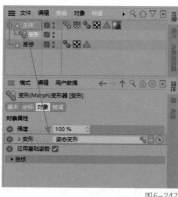

图6-247

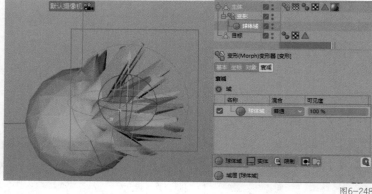

图6-248

至此,本节已讲解完毕,请扫描图6-249所示二维码观看视频进行知识回顾。

第29节 风力变形器

在制作特殊模型时,如制作风力模型动画,通常会先制作未产生风力形态的模型,再利用风力变形器使模型产生风力变形效果。

图6-249

模型添加风力变形器前后的对比效果如图6-250所示。

图6-250

知识点 1 风力变形器基本属性

在风力变形器的对象选项卡中，"振幅"用于调整变形高度，"尺寸"用于调整风力变形尺寸，"频率"用于调整播放风力变形频率，"湍流"用于调整风力变形中的湍流，"fx"和"fy"是两个轴向产生的风力变形数，"旗"用于调整风力的另一种模式，如图6-251所示。

知识点 2 风力变形器应用案例

使用风力变形器 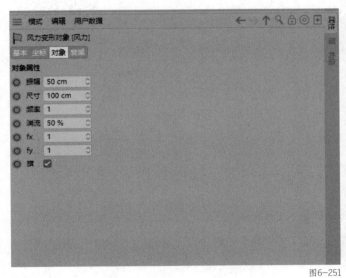 可以使模型产生风力变形效果。

下面将使用风力变形器制作图6-252所示场景中的旗帜模型。

图6-251

图6-252

操作步骤

01 打开素材中相应的工程文件，在此基础上进行制作。

02 在主菜单栏中执行"创建-参数对象-平面"命令，在场景中创建一个平面对象，在平面的对象选项卡中调整平面宽度分段、高度分段，分段数尽量大一些。如平面表面未显示分段，则在透视视图的菜单栏中执行"显示-光影着色（线条）"命令。

03 在主菜单栏中执行"创建-变形器-风力"命令，在场景中创建一个风力对象，将其作为平面的子级，如图6-253所示。

04 在风力的坐标选项卡中将R.P设置为"90°"，如图6-254所示。

05 风力变形器调整完毕后，单击"向前播放"按钮，观看变形效果。

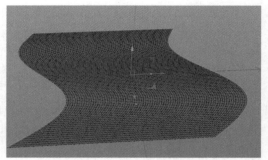

图6-253

提示 "振幅"用于设置风力变形形态的大小。"尺寸"用于设置风力起伏的大小，数值越大越平缓，数值小越剧烈。

06 添加圆柱参数化模型，调整高度，作为旗子的旗杆。

至此，本节已讲解完毕，请扫描图6-255所示二维码观看视频进行知识回顾。

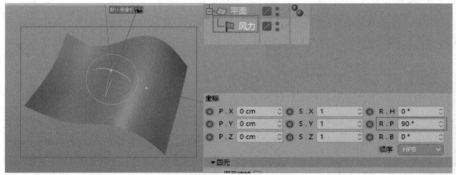

图6-254

图6-255

第30节 倒角变形器

在制作特殊模型时，如制作倒角模型，通常会先制作未产生倒角的模型，再利用倒角变形器使模型产生倒角效果。

模型添加倒角变形器前后的对比效果如图6-256所示。

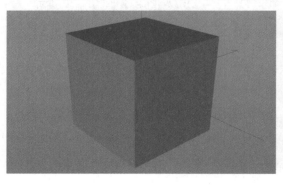

图6-256

知识点1 倒角变形器基本属性

在倒角变形器的属性面板中，主要参数集中在选项选项卡中，"构成模式"用于调整倒角的几种模式，"选择"用于指定选集，"使用角度"和"角度阈值"用于调整通过角度值，"倒角模式"用于调整倒角模式，"偏移模式"用于调整倒角偏移模式，"偏移""细分"和"深度"是对倒角细节的调整，如图6-257所示。

知识点2 倒角变形器应用案例

使用倒角变形器 ，可以使模型边缘产生倒角效果。

下面将使用倒角变形器制作图6-258所示场景中的主体形态效果。

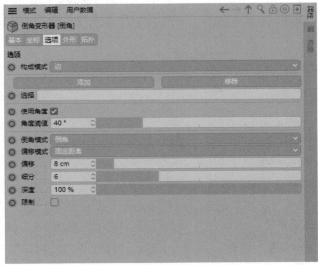

图6-257

图6-258

操作步骤

01 打开素材中相应的工程文件，视图窗口中显示立方体场景，在此基础上进行制作。

02 在主菜单栏中执行"创建-生成器-细分曲面"命令，将"细分曲面"作为"立方体"的父级，可以看到视图中的立方体显示的圆滑效果如图6-259所示。

03 细分曲面不影响立方体变圆滑，只增加表面细分。在主菜单栏中执行"创建-变形器-倒角"命令，在场景中创建一个倒角变形器，将倒角变形器作为"立方体"的子级。在倒角变形器的选项选项卡中取消勾选"使用角度"，将"偏移"设置为"3cm"，将"细分"设置为"2"，如图6-260所示。

04 在细分曲面的基础上添加倒角变形器，这样既能保证模型的形态，又在模型边缘添加了倒角效果，如图6-261所示。

至此，本节已讲解完毕，请扫描图6-262所示二维码观看视频进行知识回顾。

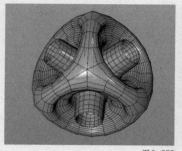
图6-259

图6-260

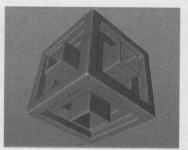
图6-261

图6-262

本课练习题

1. 填空题

（1）变形器包括_____、_____和_____共29个。

（2）变形器都要作为_____级使用。

（3）变形器的属性面板中，"匹配到父级"是指_____。

参考答案：

（1）扭曲、膨胀、斜切、锥化、螺旋、摄像机、修正、FFD、网格、爆炸、爆炸FX、融解、破碎、颤动、挤压&伸展、碰撞、收缩包裹、球化、平滑、表面、包裹、样条、导轨、样条约束、置换、公式、变形、风力、倒角

（2）子

（3）会自动适配父级的位置及大小

2. 选择题

（1）制作一个圆柱模型时，需要产生弯曲变形，可以选择（　　）变形器。

A. 扭曲　　　　　B. 修正　　　　　　　C. 爆炸　　　　　　D. 倒角

（2）变形变形器可以结合（　　）标签共同使用，产生变形效果。

A. 平滑标签　　　B. 姿态变形　　　　　C. 合成标签　　　　D. 布料绑带标

（3）需要使模型表面产生起伏效果，可以选择（　　）变形器。

A. 平滑　　　　　B. 收缩包裹　　　　　C. 颤动　　　　　　D. 置换

参考答案：

（1）A　（2）B　（3）D

3. 操作题

结合变形器制作图6-263所示的场景模型。搭建场景模型可以借助参数化模型进行制作，要注意画面的构图及比例。

图6-263

提示 本题中使用的变形器如图6-264所示。

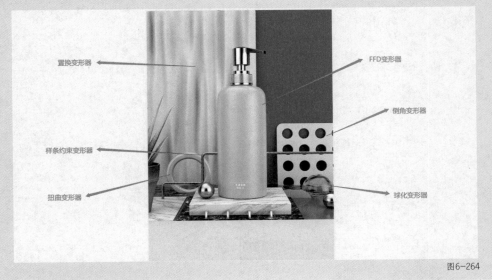

图6-264

第 **7** 课

运动图形工具

运动图形工具是Cinema 4D中的一大利器。运动图形工具可以把看似复杂的效果的制作过程变得简单高效。例如使用克隆工具可以快速将物体进行复制排列，使用破碎工具可以快速将模型进行破碎，使用文本工具可以快速将文字变为模型。

本课首先会对各运动图形工具的属性及效果进行讲解，然后通过案例进一步巩固学习效果。

本课知识要点

◆ 运动图形工具的用法
◆ 运动图形工具的效果
◆ 运动图形工具的基本属性
◆ 应用案例操作

第1节 初识运动图形工具

运动图形工具位于工具栏中，如图7-1所示。长按"克隆"按钮![icon]可以展开运动图形工具组，如图7-2所示。

图7-1

图7-2

运动图形工具组分为两个部分，图7-3所示为运动图形工具部分，图7-4所示为效果器部分。效果器配合运动图形工具使用可以得到非常丰富的效果。

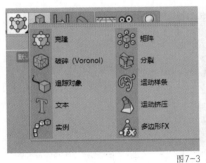

图7-3

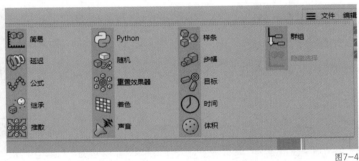

图7-4

提示 本课仅案例当中会使用效果器，因此不做详细讲解，在第8课"效果器"中会对效果器的应用及效果进行详细讲解。

第2节 文本工具

运动图形工具中的文本工具解决了样条文本需要利用挤压才可变为模型的问题。使用运动图形工具中的文本工具创建出来的文本本身就已是模型，带有挤压的所有效果。

使用文本工具可制作图7-5所示的效果。

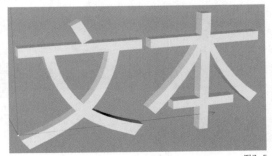

图7-5

181

知识点 1 文本工具基本属性

在文本工具的属性面板中，应重点掌握"对象"和"封盖"选项卡中的内容，如图7-6所示。

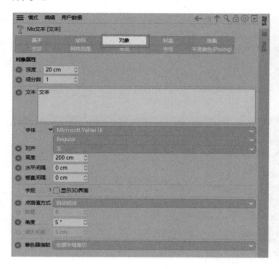 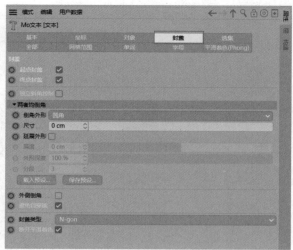

图7-6

1. 对象选项卡

- "深度"决定文本的厚度，"细分数"决定厚度细分为几份，如图7-7所示。

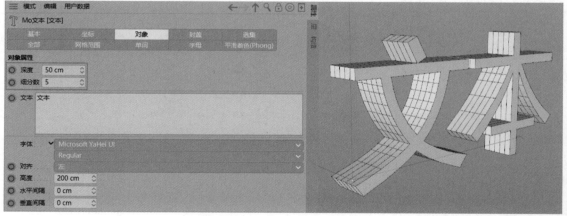

图7-7

- "文本"决定文本的内容，可以在文本框中输入需要创建的文字，如图7-8所示。

图7-8

- "对齐"决定文本的对齐方式，包括"左""中对齐""右"3种对齐方式，如图7-9所示。

提示 对齐方式以坐标轴为参考进行对齐。

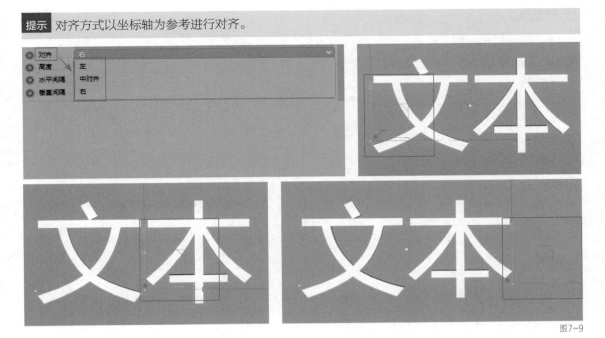

图7-9

- "水平间隔"和"垂直间隔"分别决定文本横排和竖排之间的距离,如图7-10所示。

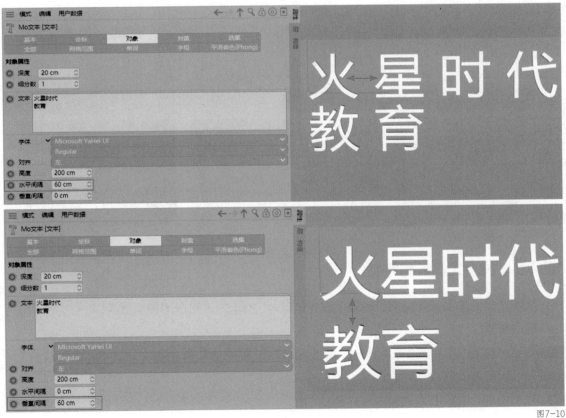

图7-10

2. 封盖选项卡

- "起点封盖"和"终点封盖"分别决定文本正面和反面是否封盖，如图7-11所示。

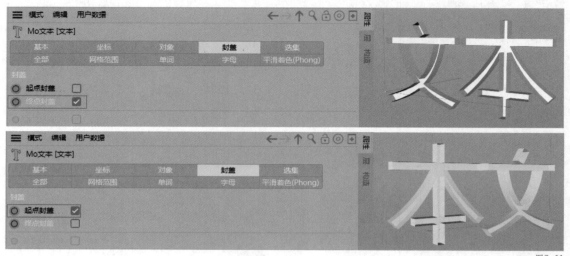

图7-11

- "倒角外形"决定倒角的形状，依次为"圆角""曲线""实体"和"步幅"，如图7-12所示。"尺寸"决定倒角的大小。

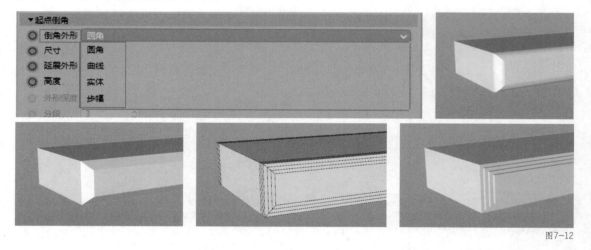

图7-12

知识点 2 文本工具应用案例

掌握了文本工具的属性后，可以制作出图7-13所示的X和O的模型效果。

操作步骤

01 创建"文本"，如图7-14所示。在"文本"的对象选项卡中将文本改为"X"，选择与图7-15所示字体类似的字体。

02 在"文本"的封盖选项卡中将"尺寸"改为"3cm"，如图7-16所示。

图7-13

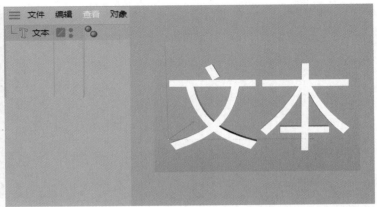

图7-14

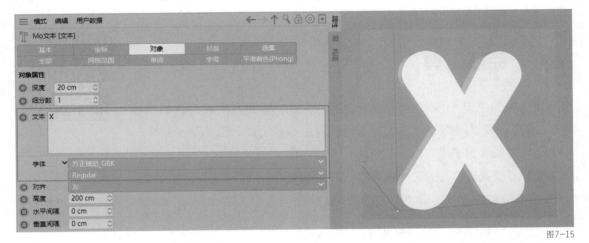

图7-15

图7-16

03 复制"文本",将复制后的"文本"改为"O",选择与图7-17所示字体类似的字体。

至此，本节已讲解完毕，请扫描图7-18所示二维码观看视频进行知识回顾。

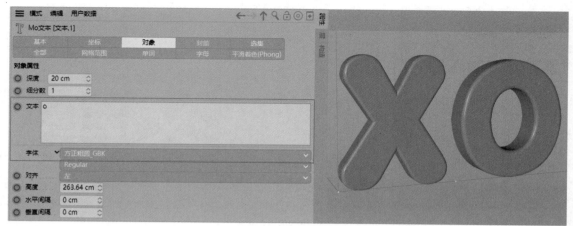

图7-17

第3节 克隆工具

图7-18

使用克隆工具可以将物体快速复制，复制的模式有多种，例如"线性""放射"和"网格"等。克隆工具具有生成器性能，因此至少需要一个模型作为克隆的子级才能实现克隆。

模型添加克隆前后的对比效果如图7-19所示。

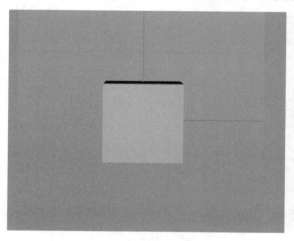

图7-19

知识点 1 克隆工具基本属性

克隆工具的属性面板如图7-20所示。克隆的模式有5种，依次为"对象""线性""放射""网格排列"和"蜂窝阵列"，如图7-21所示。

"对象"模式比较特殊，需要一个对象才可以对模型进行克隆，如图7-22所示。克隆时需要把对象拖曳至克隆的对象选项卡中"对象"右侧框中，如图7-23所示。

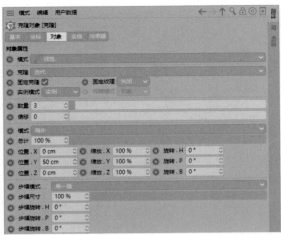

图7-20

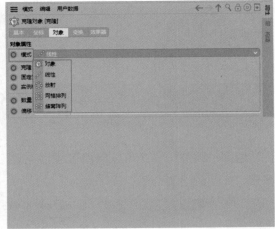

图7-21

"分布"决定克隆的分布方式,包含"顶点""边""多边形中心""表面""体积"和"轴心",如图7-24所示。

"顶点"分布如图7-25所示,克隆出的元素分布在对象顶点上;"边"分布如图7-26所示,克隆出的元素分布在对象边上;"多边形中心"分布如图7-27所示,克隆出的元素分布

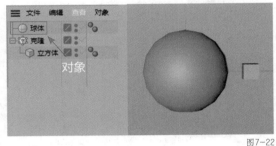

图7-22

在对象多边形中心上;"表面"分布如图7-28所示,克隆出的元素随机分布在对象表面上。

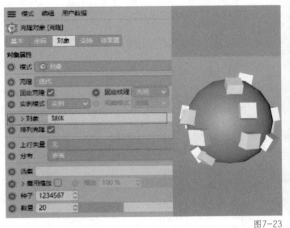

图7-23

图7-24

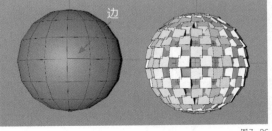

图7-25

图7-26

187

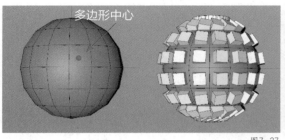
图7-27

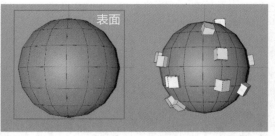
图7-28

选择"线性"模式可以将模型线性克隆，如图7-29所示。"数量"决定克隆出的元素的数量，如图7-30所示。

图7-29

图7-30

"位置""缩放"和"旋转"决定克隆出的元素的位置、缩放和旋转，它们是递增关系，如图7-31所示。

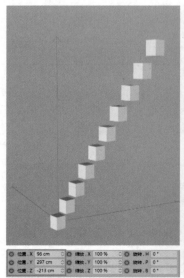

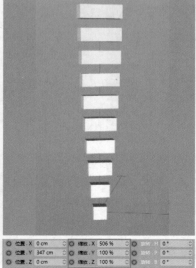

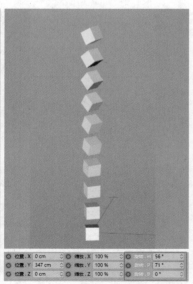
图7-31

在有多个克隆出的元素的情况下，"克隆"可以决定它们的排列顺序，依次为"迭代""随机""混合"和"类别"，如图7-32所示。

选择"放射"模式可以将模型环状克隆，如图7-33所示。"半径"决定克隆出的元素距中心的半径值，如图7-34所示。

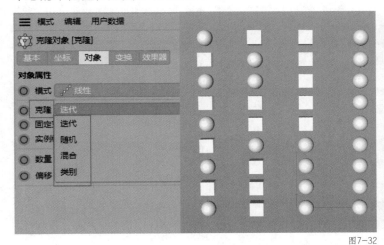

图7-32

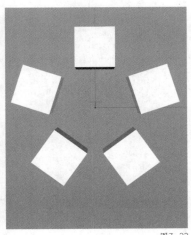

图7-33

"开始角度"和"结束角度"决定克隆出的元素中开始那一个和结束那一个围绕中心旋转的角度，如图7-35所示。

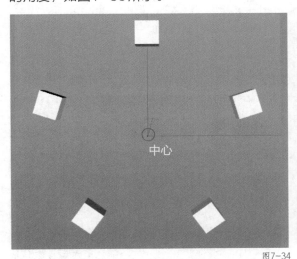

图7-34

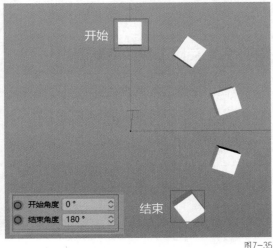

图7-35

选择"网格排列"模式可以对模型进行网格式的克隆，如图7-36所示。"数量"的3个数值分别决定x轴、y轴和z轴3个轴向上克隆出的元素的数量，如图7-37所示。

"尺寸"的3个数值分别决定x轴、y轴和z轴3个轴向上克隆出的元素之间的距离，如图7-38所示。

选择"蜂窝阵列"模式可以使克隆出的元素形成类似蜂窝的排列，如图7-39所示。"偏移"决定列与列之间的偏移距离，如图7-40所示。

"宽数量"和"高数量"分别决定宽和高方向的克隆数量，如图7-41所示。

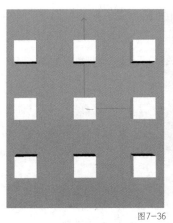
图7-36

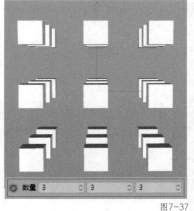
图7-37

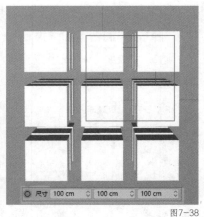
图7-38

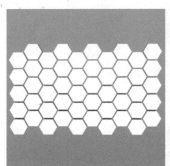
图7-39

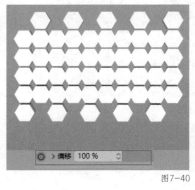
图7-40

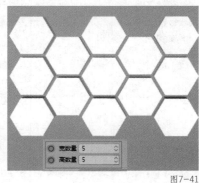
图7-41

知识点 2 克隆工具应用案例

掌握了克隆工具的属性后，可以制作出图7-42所示的文字克隆的基本效果。

操作步骤

01 创建一个立方体，将其"尺寸"的第3个数值改为"300cm"后C掉。选择立方体顶面，按快捷键I进行内部挤压，如图7-43所示。内部挤压后，按快捷键D进行挤压，如图7-44所示。

提示 C掉即为转换为可编辑对象。

02 隐藏立方体，将第2节制作好的X和O复制到当前场景中，如图7-45所示。为X和O添加克隆，如图7-46所示。

03 在克隆的对象选项卡中调整参数，如图7-47所示。

图7-42

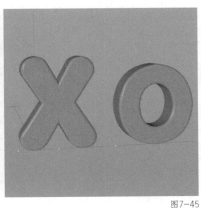

图7-43   图7-44   图7-45

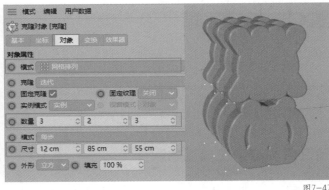

图7-46   图7-47

04 选择克隆，为其添加随机效果器，如图7-48所示。调整"随机"的参数选项卡设置如图7-49所示。

提示 一定要选择克隆后再添加随机效果器。

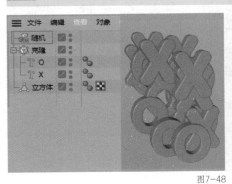

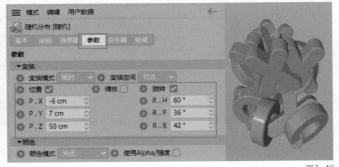

图7-48   图7-49

05 显示被隐藏的立方体，将制作好的文字部分移至立方体内，如图7-50所示。

06 复制出几个文字铺满立方体最上层，如图7-51所示。

提示 随机效果不可控制，为了美观，最上层需要手动复制并调整位置，避免文字相互穿插而影响效果。

至此，本节已讲解完毕，请扫描图7-52所示二维码观看视频进行知识回顾。

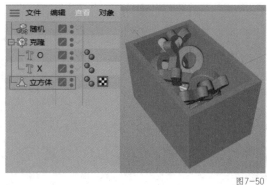

图7-50

图7-51

图7-52

第4节　破碎工具

　　使用破碎工具可以快速制作出模型的破碎效果。破碎工具具有生成器性能，因此模型需要作为破碎的子级才能实现破碎效果。

　　模型添加破碎的对比效果如图7-53所示。

知识点 1　破碎工具基本属性

　　破碎工具的对象选项卡如图7-54所示。

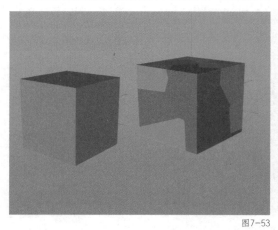

图7-53

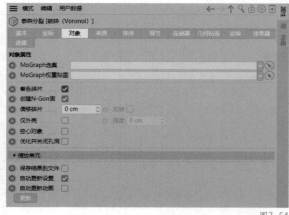

图7-54

　　●"着色碎片"决定破碎后是否改变碎片的颜色，如图7-55所示。

提示　着色的颜色仅为了在视觉上区分碎块，并不会参与渲染。

　　●"偏移碎片"决定碎片之间的偏移程度，如图7-56所示。

　　●"仅外壳"决定破碎模型是否空心，如图7-57所示。

　　●"厚度"决定外壳的厚度，如图7-58所示。

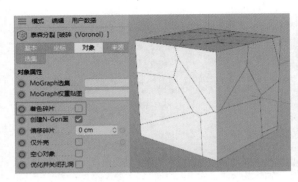

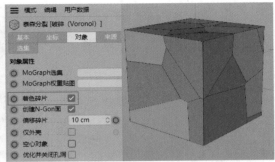

图7-55

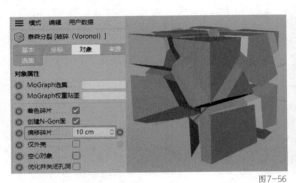

图7-56

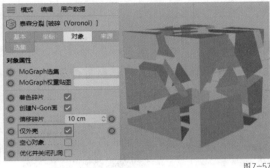

图7-57

知识点2 破碎工具应用案例

掌握了破碎工具的属性后，可以制作出图7-59所示主体模型的基本效果。

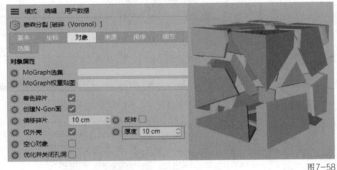

图7-58

操作步骤

`01` 创建一个立方体，为立方体添加破碎，如图7-60所示。

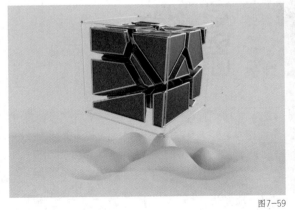

图7-59

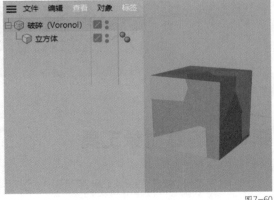

图7-60

`02` 在"破碎"的对象选项卡中取消勾选"着色碎片"，将"偏移碎片"改为"10cm"，如图7-61所示。

03 复制"破碎",为复制后的"破碎"添加"晶格",如图7-62所示。

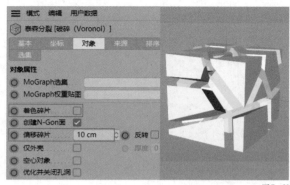

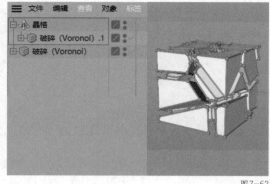

图7-61

图7-62

04 在"晶格"的对象选项卡中将"球体半径"改为"2cm",如图7-63所示。

05 创建一个立方体,将其尺寸改为"226cm",为立方体添加"晶格",如图7-64所示。

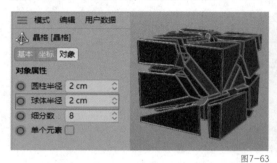

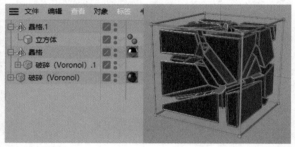

图7-63

图7-64

06 在"晶格.1"的对象选项卡中调整参数,如图7-65所示。

至此,本节已讲解完毕,请扫描图7-66所示二维码观看视频进行知识回顾。

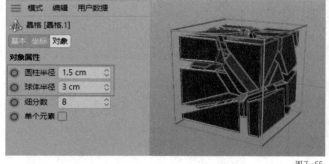

图7-65

图7-66

第5节 追踪对象工具

使用追踪对象工具可以追踪运动模型顶点位置的变化,并形成路径。

添加追踪对象的效果如图7-67所示。

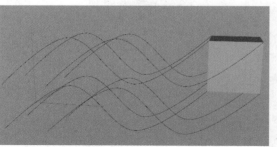

图7-67

知识点1 追踪对象工具基本属性

追踪对象工具的属性面板如图7-68所示。使用追踪对象功能时需要将模型拖曳至"追踪链接"右侧框中，如图7-69所示。

提示 链接物体在有动画的状态下才可以产生追踪路径。

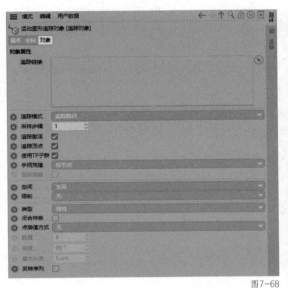

图7-68

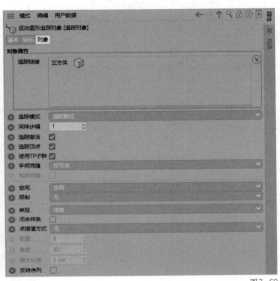

图7-69

"追踪模式"决定当前追踪路径生成的方式，包含"追踪路径""连接所有对象"和"连接元素"，如图7-70所示。

"追踪路径"以运动模型顶点位置的变化为追踪目标，在追踪的过程中生成路径，如图7-71所示。

"连接所有对象"是在有多个运动模型时，运动模型之间的连线，如图7-72所示。

图7-70

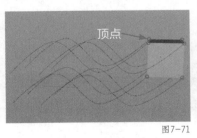

图7-71

图7-72

"连接元素"是对单个模型的所有顶点进行连接，如图7-73所示。

"追踪顶点"被未被勾选时，只会追踪运动图形的中心点，如图7-74所示。

知识点2 追踪对象工具应用案例

掌握了追踪对象工具的属性后，可以制作出图7-75所示主体模型的基本效果。

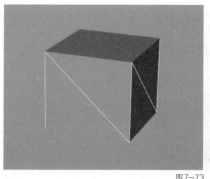

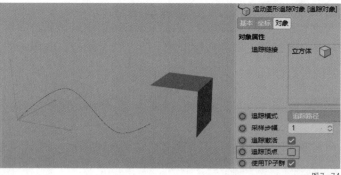

图7-73　　　　　　　　　　　　　　　　　　　　图7-74

图7-75

操作步骤

01 创建一个球体并将其复制一个，将复制出来的球体"半径"改为"5cm"，如图7-76所示。

02 为"小球"添加克隆，如图7-77所示。将克隆的"模式"改为"对象"，将"大球"拖曳至对象中，如图7-78所示。

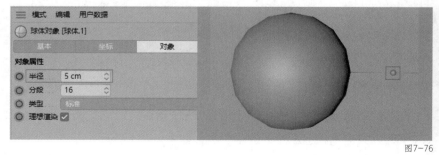

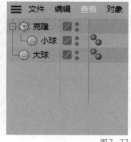

图7-76　　　　　　　　　　　　　　　　　　　　图7-77

03 选择"小球"，单击鼠标右键，执行"模拟标签－刚体"命令，如图7-79所示。选择"大球"，单击鼠标右键，执行"模拟标签－碰撞体"命令，如图7-80所示。

04 在主菜单栏中执行"模拟－力场－引力"命令，如图7-81所示。在"引力"的对象选项卡中将"强度"改为"5000"，如图7-82所示。

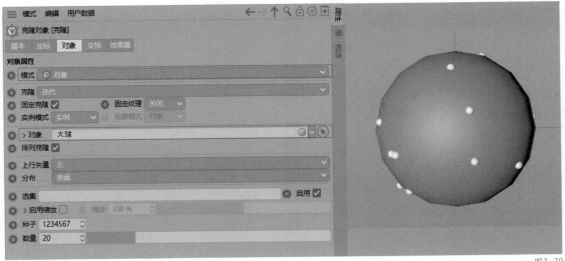

图7-78

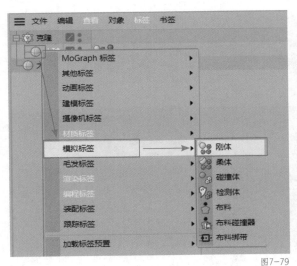

图7-79

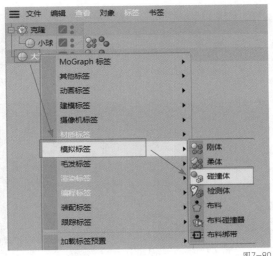

图7-80

05 在属性面板的菜单栏中执行"模式-工程"命令，如图7-83所示，选择动力学选项卡，找到常规选项卡，将"重力"改为"0cm"，如图7-84所示。

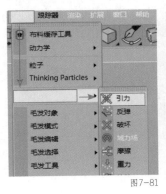

图7-81

图7-82

图7-83

图7-84

06 添加"追踪对象"，将"克隆"拖曳至"追踪对象"的属性面板中的"追踪链接"右侧框内，如图7-85所示。

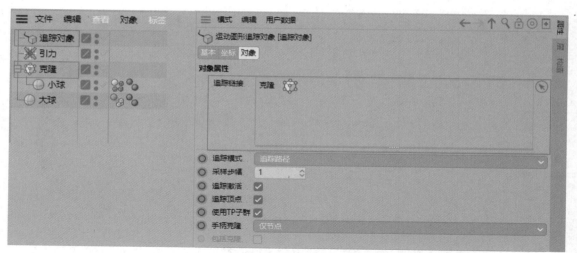

图7-85

07 在时间线面板中将时间线改为"500F",如图7-86所示。单击"向前播放"按钮,等待时间滑块移动到第253帧时停止播放,如图7-87所示。

图7-86

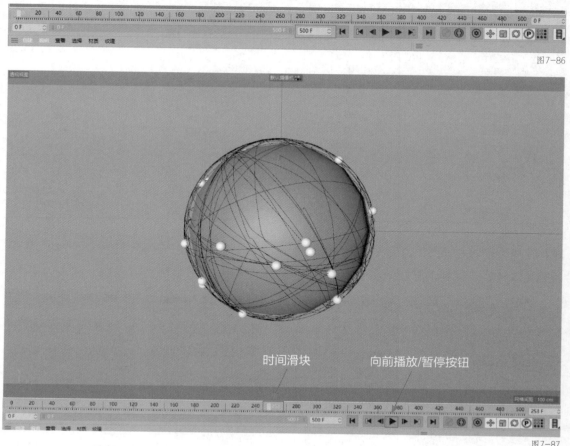

时间滑块   向前播放/暂停按钮

图7-87

08 隐藏"大球",添加圆环对象,将其半径改为"0.5cm"。为"圆环"和"追踪对象"添加"扫描",如图7-88所示。

至此，本节已讲解完毕，请扫描图7-89所示二维码观看视频进行知识回顾。

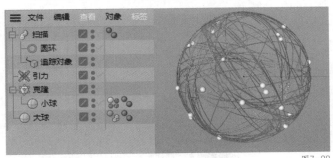 

图7-88　　　　　　　　　　图7-89

第6节 实例工具

使用实例工具会对运动模型进行复制，在播放动画的时候得到类似残影的效果。

模型添加实例的效果如图7-90所示。

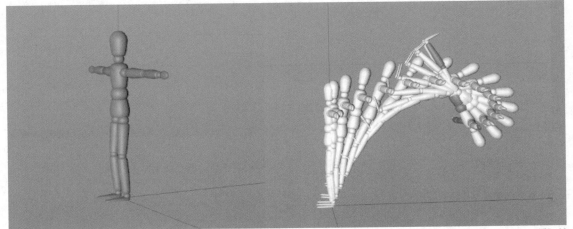

图7-90

知识点1 实例工具基本属性

实例工具的属性面板如图7-91所示。使用实例进行复制时，首先需要将模型拖曳至实例对象选项卡的"对象参考"右侧框中，然后为实例添加动画才会产生残影效果，如图7-92所示。"历史深度"决定复制的数量。

图7-91

图7-92

知识点 2 实例工具应用案例

　　掌握了实例工具的属性后，可以制作出图7-93所示主体模型的基本效果。

　　操作步骤

`01` 创建一个"螺旋"，并在"螺旋"的属性面板中调整对象和坐标选项卡中的参数，如图7-94所示。

`02` 创建一个"球体"，并在"球体"的属性面板中调整对象选项卡中的参数，如图7-95所示。将球体C掉后，选择其所有面进行挤压，快捷键为D。在"挤压"的属性面板中调整选项选项卡中的参数如图7-96所示。

图7-93

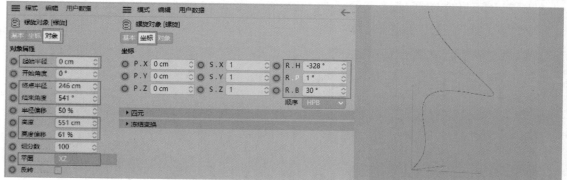

图7-94

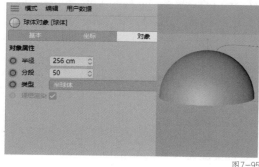

图7-95

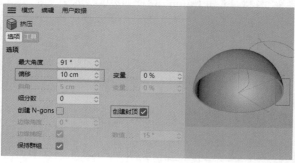

图7-96

`03` 选择球体，单击鼠标右键，执行"动画标签-对齐曲线"命令，如图7-97所示。将"螺旋"拖曳至对齐曲线标签选项卡的"曲线路径"右侧框中，并勾选"切线"，如图7-98所示。

`04` 移动时间滑块至第0帧，如图7-99所示。单击位置左侧的"关键帧"按钮，在第0帧处添加一个关键帧，如图7-100所示。

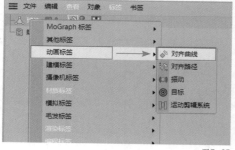

图7-97

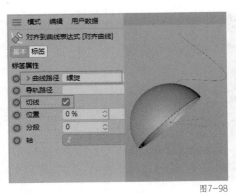

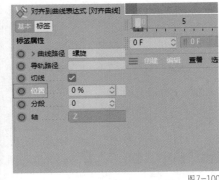

图7-98   图7-99   图7-100

05 移动时间滑块至第25帧，如图7-101所示。将"位置"调为"100%"后，单击位置左侧的"关键帧"按钮，在第25帧处添加一个关键帧，如图7-102所示。

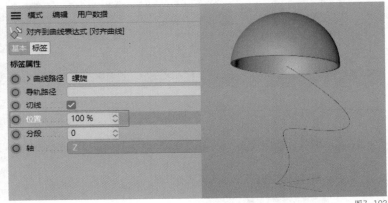

图7-101   图7-102

06 创建一个"实例"，将"球体"拖曳至"实例"属性面板的"对象参考"右侧框中，并将"历史深度"改为"25"，如图7-103所示。

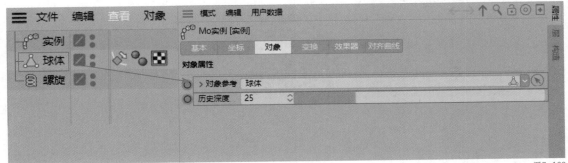

图7-103

07 选择对齐曲线标签，按住Ctrl键将其拖曳到"实例"上，即复制给"实例"，如图7-104所示。选择"实例"，为其添加"步幅"，调整"步幅"属性面板参数选项卡中的参数，如图7-105所示。

提示 一定要选择实例后再添加步幅效果器。

201

图7-104

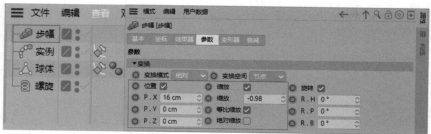
图7-105

08 选择"实例",单击鼠标右键,执行"MoGraph标签-运动图形缓存"命令,如图7-106所示。选择运动图形缓存标签,在其属性面板的建立选项卡中单击"烘焙"按钮,如图7-107所示。

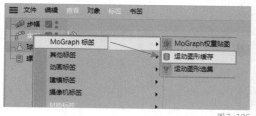
图7-106

图7-107

09 将时间滑块移动至第25帧,得到最终效果,如图7-108所示。

至此,本节已讲解完毕,请扫描图7-109所示二维码观看视频进行知识回顾。

图7-108

图7-109

第7节 矩阵工具

矩阵工具的绝大多数参数和克隆工具的一致,只不过使用矩阵工具会自动生成立方体并对其进行复制。

模型添加矩阵的效果如图7-110所示。

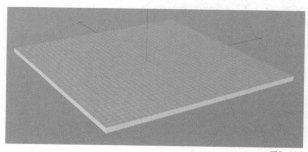
图7-110

知识点 1 矩阵工具基本属性

矩阵工具的属性面板如图7-111所示。

- 矩阵工具的"模式"与克隆工具的一致，如图7-112所示。

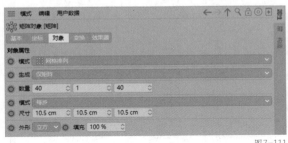

图7-111

图7-112

- "数量"后的3个数值分别决定x轴、y轴和z轴3个轴向上的方块数量，如图7-113所示。

- "尺寸"后的3个数值分别决定x轴、y轴和z轴3个轴向上方块之间的间距，如图7-114所示。

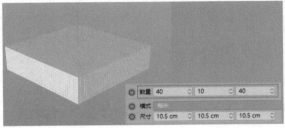

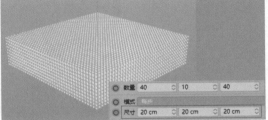

图7-113

图7-114

知识点 2 矩阵工具应用案例

掌握了矩阵工具的属性后，结合破碎工具可以制作出图7-115所示的横向分割的基本效果。

图7-115

203

操作步骤

01 打开素材中的相应工程文件作为基础模型，如图7-116所示。为人像添加"破碎"，如图7-117所示。

图7-116   图7-117

02 添加"矩阵"，并在其属性面板的对象选项卡中调整参数，如图7-118所示。

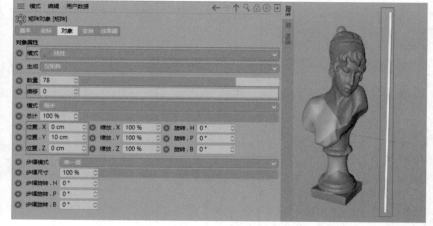

图7-118

03 选择"破碎"，在"破碎（Voronoi）"的来源选项卡中将"来源"右侧框中的点生成器删除，再将"矩阵"拖曳至其中，如图7-119所示。

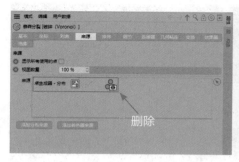

图7-119

04 隐藏"矩阵"，如图7-120所示。选择"破碎"，在"破碎（Voronoi）"的对象选项卡中调整相应参数如图7-121所示。

至此，本节已讲解完毕，请扫描图7-122所示二维码观看视频进行知识回顾。

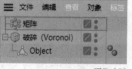

图7-120

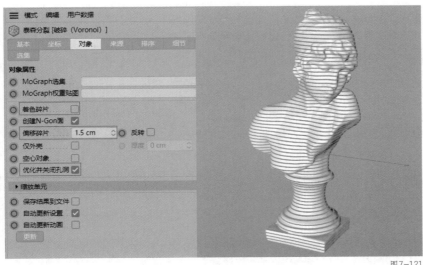

图7-121   图7-122

第8节 分裂工具

分裂工具的功能是将原有的模型分成不相连的若干个部分，需要有其他模型作为子级才会产生作用。若想分裂效果更明显，还需要配合效果器使用。

模型添加分裂的对比效果如图7-123所示。

图7-123

知识点1 分裂工具基本属性

分裂工具的属性面板如图7-124所示。分裂的"模式"有3种，包含"直接""分裂片段"和"分裂片段＆连接"，如图7-125所示。

使用"分裂片段"前后的对比效果如图7-126所示。"分裂片段"是将每一个文字没有连接的部分都作为分裂的最小单位进行分裂。

图7-124

图7-125

提示 图7-126所示的文字提前对每一个面都进行了断开连接操作，所以分裂的最小单位为文字的每一个面。

图7-126

使用"分裂片段＆连接"前后的对比效果如图7-127所示。"分裂片段＆连接"是将每一个文字作为分裂的最小单位进行分裂。

图7-127

知识点2 分裂工具应用案例

掌握了分裂工具的属性后，结合效果器可以制作出图7-128所示的随机分裂的基本效果。

操作步骤

01 打开素材中相应的工程文件，把"破碎（Vorono D）"C掉，如图7-129所示。

02 随意选择几块碎片进行位移，如图7-130所示。添加"分裂"，将"破碎"的所有子级拖曳给"分裂"作为子级，如图7-131所示。

图7-128

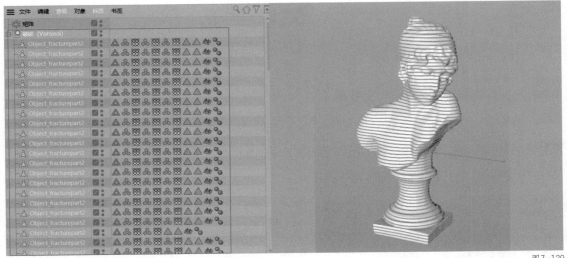

图7-129

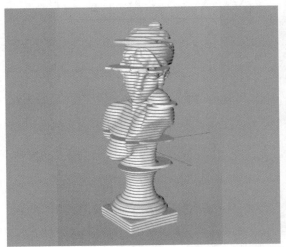

图7-130

图7-131

03 选择"分裂",为其添加"简易",在"简易"的属性面板参数选项卡中调整参数,如图7-132所示。

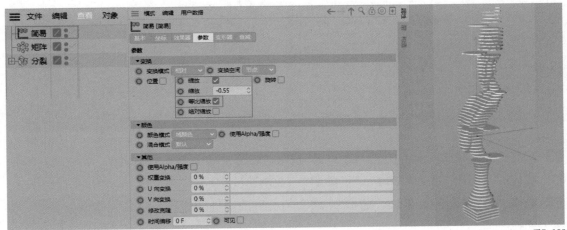

图7-132

207

04 在"简易"的衰减选项卡中单击"线性域"按钮，如图7-133所示。将域的"方向"改为"Y+"，如图7-134所示。

> **提示** 域的相关知识会在第9课中详细讲解。

图7-133

05 选择"线性域"，将其移动至图7-135所示的位置。

图7-134

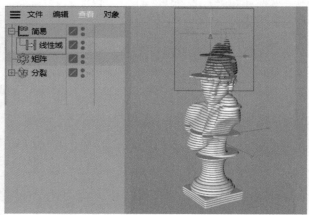

图7-135

06 选择"分裂"，为其然后添加"随机"，在"随机"的属性面板参数选项卡中调整参数，如图7-136所示。

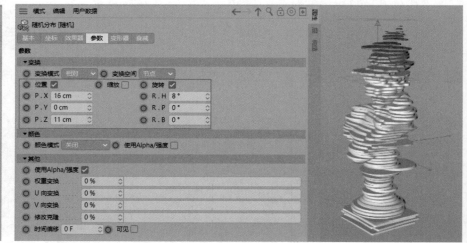

图7-136

07 在随机的衰减选项卡中长按"线性域"按钮，展开域组后选择"球体域"，如图7-137所示。将域的"尺寸"改为"230cm"，如图7-138所示。

08 选择"分裂"，为其添加"随机"，在"随机"的属性面板参数选项卡中调整参数，如图7-139所示。

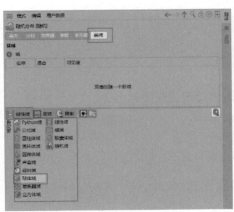

图7-137

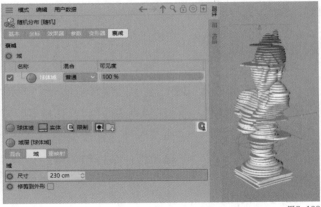

图7-138

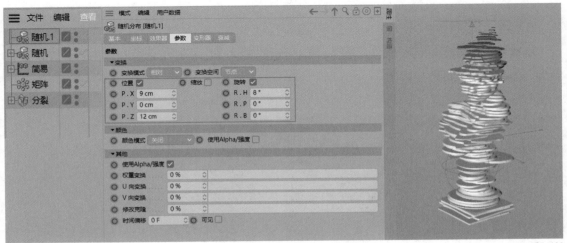

图7-139

09 为"随机"添加球体域，将球体域的"尺寸"改为"225cm"，如图7-140所示。移动球体域至图7-141所示位置。

至此，本节已讲解完毕，请扫描图7-142所示二维码观看视频进行知识回顾。

图7-140

图7-141   图7-142

本课练习题

1. 填空题

（1）在克隆的模式中，_____模式需要一个对象模型才能完成克隆。

（2）若想对模型进行环状克隆操作，可以利用克隆模式中的_____实现效果。

（3）使用_____工具可以快速实现模型的破碎效果。

（4）使用_____工具可以记录模型的运动路径。

参考答案：

（1）对象 （2）放射 （3）破碎 （4）追踪对象

2. 操作题

掌握本课所学知识后，制作出图7-143所示的主体模型，并结合素材包内资源文件摆好造型、添加好材质后渲染输出。

图7-143

操作题要点提示

① 需要用到克隆、球体、圆环和随机效果器。

② 克隆模式为对象模式。

③ 将球体克隆到圆环上。

④ 随机调整克隆球体的大小和位置。

第 **8** 课

效果器

第7课中讲解了运动图形工具，本课将进一步讲解运动
图形工具的好搭档——效果器。使用不同的效果器可以
按照其属性对运动图形产生不同影响，例如使用随机效
果器可以使运动图形的尺寸、位置和旋转发生随机改
变；使用着色效果器可以通过纹理图片的颜色对运动图
形的尺寸、位置和旋转进行改变；使用步幅效果器可以
使运动图形的尺寸、位置和旋转发生递进式变化。

本课首先会对各效果器的属性及效果进行讲解，然后
再通过案例进一步巩固学习效果。

本课知识要点
◆ 效果器的用法
◆ 效果器的效果
◆ 效果器的基本属性
◆ 应用案例操作

第1节 初识效果器

效果器位于工具栏中，如图8-1所示。长按"克隆"按钮 ![克隆按钮] 可以展开运动图形工具组并找到效果器，如图8-2所示。

图8-1

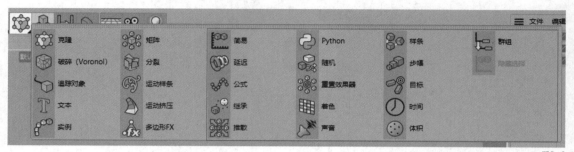

图8-2

效果器的使用非常灵活，可以将一个或多个效果器配合运动图形工具使用，也可以单独使用。

使用效果器时若配合运动图形工具使用，需要将效果器拖曳到运动图形工具属性面板效果器选项卡的"效果器"右侧框中，如图8-3所示；若单独使用效果器，则需要作为模型的子级，如图8-4所示。

图8-3

> **提示** 选择运动图形工具再为其添加效果器，可以将效果器自动载入运动图形工具的属性面板效果器选项卡的"效果器"右侧框中。

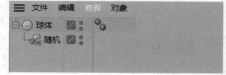

图8-4

第2节 简易效果器

简易效果器 ![简易效果器图标] 是相对比较简单的效果器，不同于其他效果器，简易效果器不执行特殊任务，只通过属性面板中的"位置""缩放"和"旋转"参数使运动图形产生变化。

模型添加简易效果器前后的对比效果如图8-5所示。

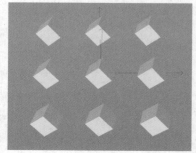

图8-5

知识点1 简易效果器基本属性

在简易效果器的属性面板中，应重点掌握参数和衰减选项卡中的相关参数，如图8-6所示。

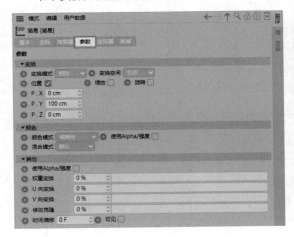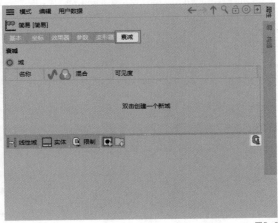

图8-6

1. 参数选项卡

参数选项卡中的"位置""缩放"和"旋转"分别决定模型在3个轴向上的位置、尺寸和旋转。需要调整这些参数时，要先勾选对应选项，如图8-7所示。

"缩放"属性比较特殊，使用时既可以分别调整模型在3个轴向上的大小，如图8-8所示，也可以通过勾选"等比缩放"来整体调整模型的大小，如图8-9所示。

图8-7

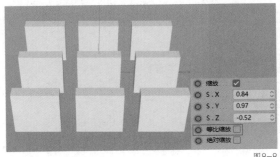

图8-8

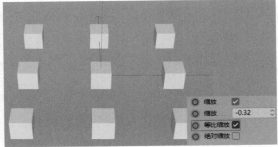

图8-9

2. 衰减选项卡

在衰减选项卡中可以通过添加域来控制效果器的影响范围，"尺寸"决定域的大小，如图8-10所示。

要添加域时，长按"线性域"按钮打开域组，选择需要的域即可，如图8-11所示。域组内包含所有形态的域。

提示 本课仅案例中会用到"球体域"和"线性域"，域的具体内容会在第9课"域"中详细讲解。

213

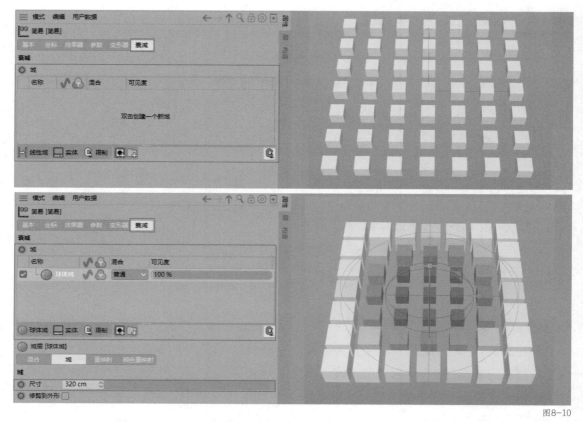

图8-10

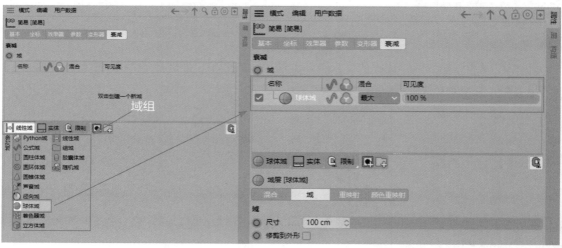

图8-11

知识点 2 简易效果器应用案例

掌握了简易效果器的属性后，可以制作出图8-12所示的具有金字塔式错开效果的主体模型。

操作步骤

01 打开素材中相应的工程的文件，如图8-13所示。为模型添加"克隆"，如图8-14所示。

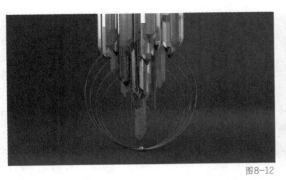
图8-12

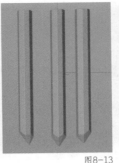
图8-13

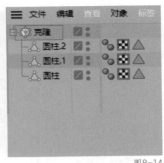
图8-14

02 在"克隆"的对象选项卡中调整参数如图8-15所示。

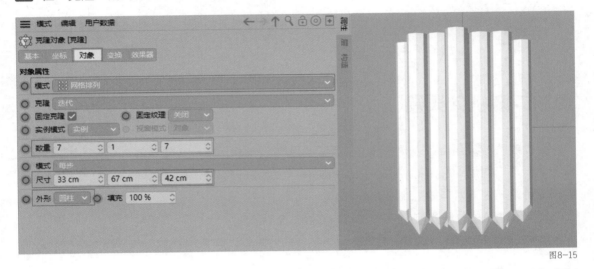
图8-15

03 选择"克隆",为其添加简易效果器,如图8-16所示。在简易效果器的参数选项卡中调整参数如图8-17所示。

图8-16

图8-17

04 在简易效果器的衰减选项卡中长按"线性域"按钮,展开域组后选择"球体域",如图8-18所示。将球体域的"尺寸"改为"86cm",如图8-19所示。

05 选择"球体域",并将其移动至图8-20所示位置。

至此,本节已讲解完毕,请扫描图8-21所示二维码观看视频进行知识回顾。

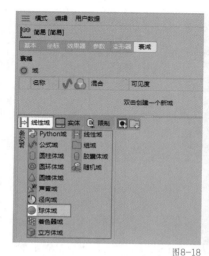
图8-18

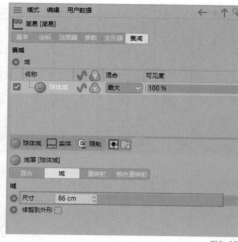
图8-19

图8-20

第3节 随机效果器

随机效果器 是在实际工作中应用最为频繁的效果器之一。使用随机效果器可以对运动图形的位置、大小和旋转产生随机的影响，配合其他效果器可以产生更为丰富的效果。

图8-21

模型添加随机效果器前后的对比效果如图8-22所示。

图8-22

知识点 1 随机效果器基本属性

在随机效果器的属性面板中，应重点掌握参数和变形器选项卡中的相关参数，如图8-23所示。

1. 参数选项卡

参数选项卡中的"位置""缩放"和"旋转"分别决定物体在3个轴向上的随机位置、随机尺寸和随机旋转，如图8-24所示。

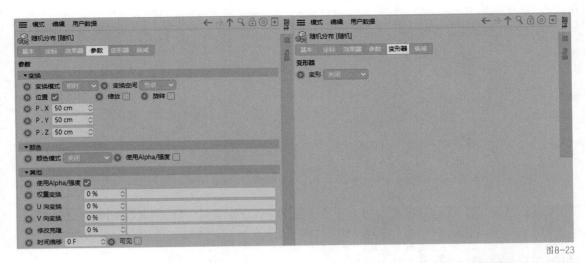

图8-23

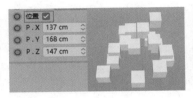
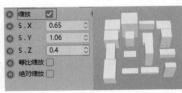

图8-24

2. 变形器选项卡

变形器选项卡中的变形效果在单独使用该效果器的时候可以用到，如图8-25所示。变形包含"对象""点"和"多边形"3种，如图8-26所示。

● "对象"是以模型为最小单位进行随机变化的，可以配合参数选项卡中的"位置""缩放"和"旋转"控制模型的随机变化程度，如图8-27所示。

图8-25

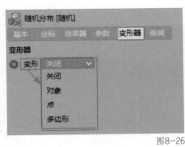

图8-26

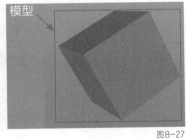

图8-27

● "点"是以模型的每一个点为最小单位进行随机变化的，如图8-28所示。

● "多边形"是以模型的每一个边为最小单位进行随机变化的，如图8-29所示。

知识点 2 随机效果器应用案例

掌握了随机效果器的属性后，可以制作出图8-30所示主体部分的随机错开效果。

操作步骤

01 打开第2节的简易效果器案例，如图8-31所示，选择"克隆"，为其添加随机效果器，如图8-32所示。

图8-28

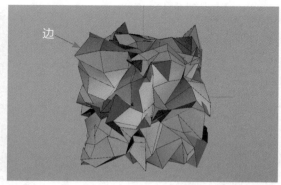
图8-29

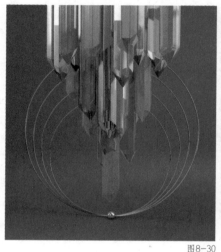
图8-30

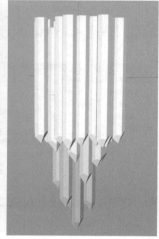
图8-31

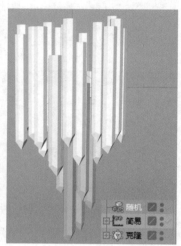
图8-32

02 在随机效果器的参数选项卡中调整参数，如图8-33所示。

至此，本节已讲解完毕，请扫描图8-34所示二维码观看视频进行知识回顾。

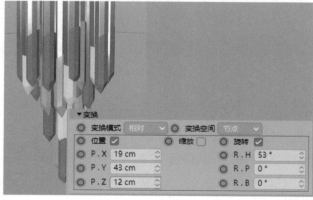
图8-33

图8-34

第4节 步幅效果器

使用步幅效果器 可以使运动图形呈现出一种递进式的变化。

模型添加步幅效果器前后的对比效果如图8-35所示。

知识点1 步幅效果器基本属性

在步幅效果器属性面板中，应重点掌握参数选项卡中的相关参数，如图8-36所示。分别调整"位置""缩放"和"旋转"，产生的效果如图8-37所示。

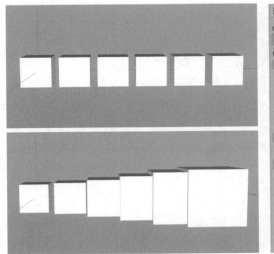

图8-35

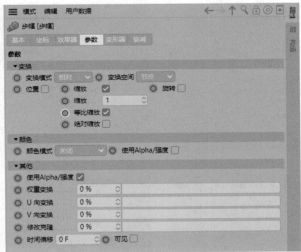

图8-36

图8-37

知识点2 步幅效果器应用案例

掌握了步幅效果器的属性后，可以制作出图8-38所示主体模型的基本效果。

操作步骤

01 创建一个球体，在球体的属性面板中调整参数，如图8-39所示。

图8-38

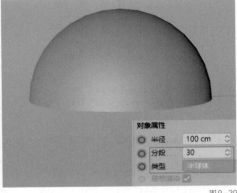

图8-39

219

02 为球体添加"克隆",如图8-40所示。在"克隆"的属性面板中调整参数,如图8-41所示。

03 选择"克隆",为其添加步幅效果器,如图8-42所示。在"步幅"的属性面板中调整参数,如图8-43所示。

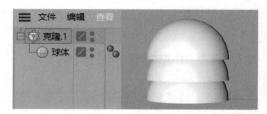

图8-40

图8-41

图8-42

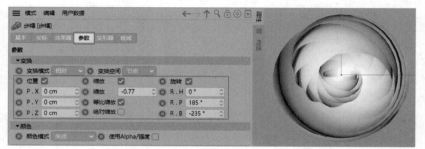

图8-43

04 为"克隆"添加布料曲面,如图8-44所示。在"布料曲面"的对象选项卡中调整参数,如图8-45所示。

至此,本节已讲解完毕,请扫描图8-46所示二维码观看视频进行知识回顾。

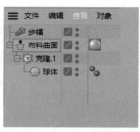

图8-44

图8-45

图8-46

第5节 推散效果器

推散效果器 通常需要配合其他效果器进行使用,可以将运动图形推散开,避免其过度穿插。

模型添加推散效果器前后的对比效果如图8-47所示。

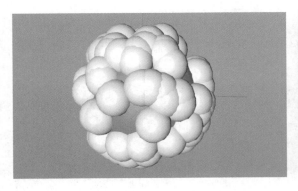
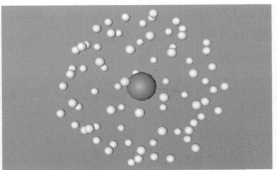

图8-47

知识点 1 推散效果器基本属性

在推散效果器的属性面板中，应重点掌握效果器选项卡中的相关参数，如图8-48所示。"强度"决定推散的强度，如图8-49所示；"半径"决定推散的半径，如图8-50所示。

图8-48

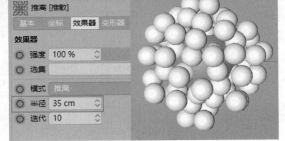

图8-49

图8-50

知识点 2 推散效果器应用案例

掌握了推散效果器的属性后，可以制作出图8-51所示主体模型的基本效果。

图8-51

操作步骤

01 打开素材中所提供的工程文件，如图8-52所示。创建一个球体，在球体的对象选项卡中调整参数，如图8-53所示。

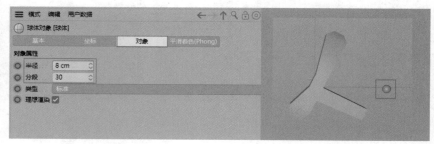

图8-52 　　　　　　　　　　　　　　　　　　　　　　　　　　　　　　图8-53

02 为球体添加"克隆"，如图8-54所示。将球体作为克隆的子级，在"克隆"的对象选项卡中调整参数，如图8-55所示。

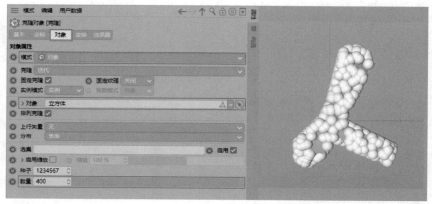

图8-54 　　　　　　　　　　　　　　　　　　　　　　　　　　　　　　图8-55

03 选择"克隆"，为其添加随机效果器，如图8-56所示。在随机效果器的参数选项卡中调整参数，如图8-57所示。

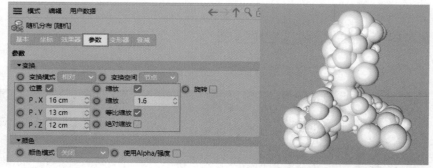

图8-56 　　　　　　　　　　　　　　　　　　　　　　　　　　　　　　图8-57

04 选择"克隆"，为其添加推散效果器，如图8-58所示。在推散效果器的效果器选项卡中调整参数，如图8-59所示。

05 隐藏立方体，将球体复制一个，再分别为它们赋予材质，如图8-60所示。

至此，本节已讲解完毕，请扫描图8-61所示二维码观看视频进行知识回顾。

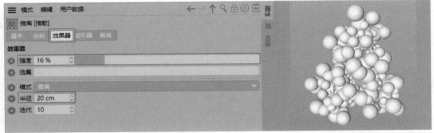

图8-58

图8-59

第6节 着色效果器

着色效果器 主要以纹理图片的灰度值来决定运动图形的变化。要实现着色效果，首先需要准备一张纹理图片。

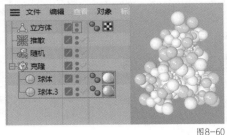

图8-60

图8-61

模型添加着色效果器前后的效果如图8-62所示。

知识点1 着色效果器基本属性

在着色效果器的属性面板中，应重点掌握着色选项卡中的相关属性，如图8-63所示。"着色器"用来添加纹理图片，单击着色器右侧的长条按钮可以选择需要添加的纹理图片，如图8-64所示。

图8-62

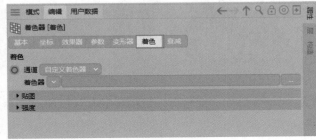

图8-63

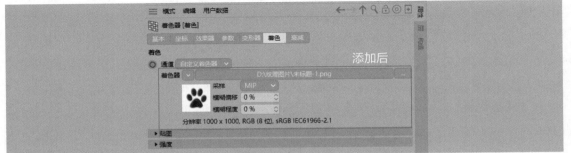

图8-64

添加纹理图片后可以配合参数选项卡中的"位置""缩放"和"旋转"产生效果，纹理图片颜色越浅的地方越受着色效果器影响，如图8-65所示。

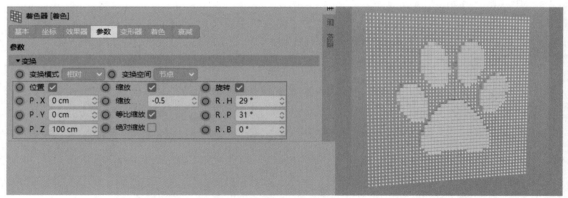

图8-65

知识点 2 着色效果器应用案例

掌握了着色效果器的属性后，可以制作出图8-66所示主体模型的基本效果。

操作步骤

`01` 创建一个球体，在球体的对象选项卡中调整参数，如图8-67所示。

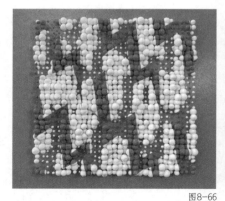

图8-66

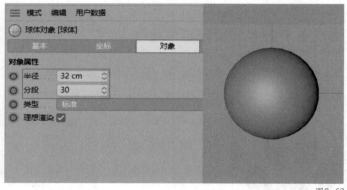

图8-67

`02` 为球体添加"克隆"，如图8-68所示。在"克隆"的对象选项卡中调整参数，如图8-69所示。

图8-68

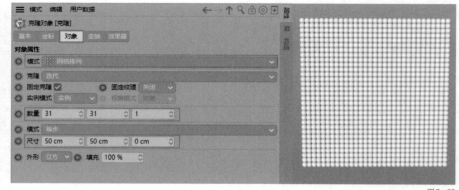

图8-69

`03` 选择"克隆"，为其添加着色效果器，如图8-70所示。在着色效果器的着色选项卡中单击"着色器"右侧长条按钮,将素材包中的纹里图片添加进来,如图8-71所示。在参数选项卡中调整相关参数,如图8-72所示。

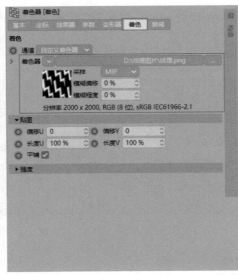

图8-70   图8-71   图8-72

04 选择"克隆",为其添加随机效果器,如图8-73所示。在随机效果器的参数选项卡中调整参数,如图8-74所示。

图8-73   图8-74

05 选择"克隆",为其添加推散效果器,如图8-75所示。在推散效果器的效果器选项卡中调整参数,如图8-76所示。

至此,本节已讲解完毕,请扫描图8-77所示二维码观看视频进行知识回顾。

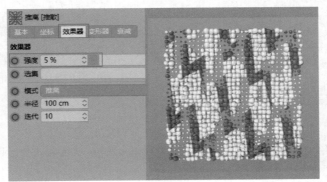

图8-75   图8-76   图8-77

第7节　公式效果器

公式效果器 顾名思义就是利用数学公式对模型产生效果和影响，默认情况下公式为正弦函数公式。

模型添加公式效果器前后的对比效果如图8-78所示。

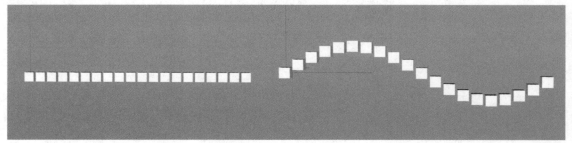

图8-78

知识点 1　公式效果器基本属性

在公式效果器的属性面板中，应重点掌握效果器选项卡中的相关参数，如图8-79所示。在"公式"右侧框中可以自行编写所需要的数学公式，默认公式为sin(((id/count)+t)*+*360.0)，会使模型产生正弦形状的变化。

"变量"提供了在编写公式过程中可以使用到的内置变量及对应解释，如图8-80所示。例如若想让公式所产生的波纹变多，可以将公式改为sin(((id/count*2)+t)*+*360.0)，如图8-81所示。

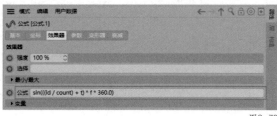

图8-79

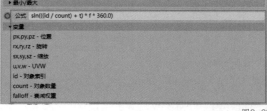

图8-80

图8-81

提示 count代表对象数量，将count改为count*2数量就会变多，数字越大数量越多。

修改"位置""缩放"和"旋转"，可以使模型产生不同效果，如图8-82所示。

图8-82

知识点 2 公式效果器应用案例

掌握了公式效果器的属性后，可以制作出图8-83所示主体模型的基本效果。

操作步骤

01 创建平面，在平面的对象选项卡中调整参数，如图8-84所示。

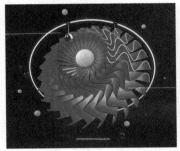

图8-83

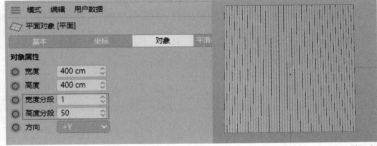

图8-84

02 为平面添加"公式"，如图8-85所示。在"公式"的参数选项卡中调整参数，如图8-86所示。

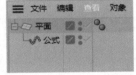

提示 "公式"需要作为"平面"的子级使用。

图8-85

03 为平面添加克隆效果器，如图8-87所示。在"克隆"的对象选项卡中调整参数，如图8-88所示。

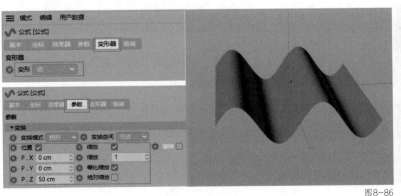

图8-86

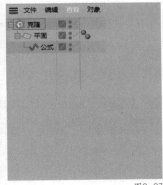

图8-87

04 选择"克隆"，为其添加简易效果器，如图8-89所示。在简易效果器的参数选项卡中调整参数，如图8-90所示。

05 在简易效果器的衰减选项卡中单击"线性域"按钮，将线性域的"长度"改为"114cm"，如图8-91所示。

06 选择"线性域"，调整线性域的坐标，如图8-92所示。

图8-88

图8-89

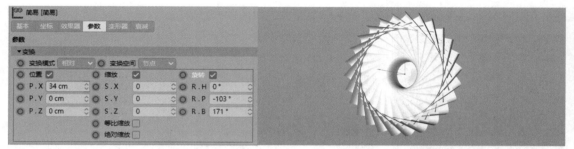

图8-90

图8-91

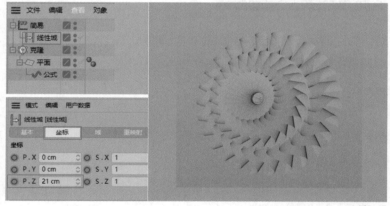

图8-92

07 为"克隆"添加"布料曲面",如图8-93所示。在"布料曲面"的对象选项卡中调整参数,如图8-94所示。

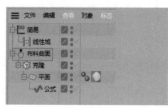

图8-93

图8-94

至此,本节已讲解完毕,请扫描图8-95所示二维码观看视频进行知识回顾。

图8-95

本课练习题

1. 填空题

（1）公式中count代表_____。

（2）使用_____效果器可以使运动图形呈现出一种递进式的变化。

（3）为运动图形工具添加效果器的快捷方式为_____。

（4）使用_____效果器可以将运动图形

推散开，以避免过度穿插。

图8-96

参考答案：

（1）对象数量 （2）步幅 （3）选择运动
图形工具，再添加效果器 （4）推散

2. 操作题

请用本课所学知识制作图8-96所示的主
体部分，并结合素材包内资源文件摆好造型、
添加好材质后渲染输出。

操作题要点提示

① 本题需要用到克隆、晶格、立方体、简易和随机效果器。

② 克隆模式为对象模式。

③ 将小立方体克隆到大立方体上。

④ 简易效果器需要用到线性域。

第 **9** 课

域

使用域可以灵活地控制衰减范围，它通过衰减范围的
变化影响并控制Cinema 4D中效果器、变形器等对
象。本课主要讲解常用域对象的使用方法，并通过案
例讲解域对象的应用技巧。

本课知识要点

◆ 域的概念和使用技巧

◆ 域的图层混合

◆ 修改层

◆ 综合案例操作

第1节 初识域

使用变形器和效果器等可以对模型或运动图形进行影响和控制。在动画制作过程中,经常需要对指定区域进行影响和控制,只掌握对象的基础属性参数不能够满足相应的动画制作需求,还需要掌握域的使用。

简单地说,域就是一个影响范围,通过域可以对指定区域进行影响和控制。下面通过在变形器和效果器中添加域来讲解域的概念和作用。

知识点 1 变形器中域的使用

在工具栏中长按"立方体"按钮▣,展开参数对象工具组,单击"平面"按钮,将平面添加到

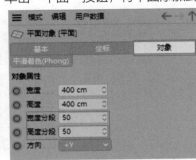

对象面板中。在平面属性面板中选择对象选项卡,将"宽度分段"设置为"50",将"长度分段"设置为"50",如图9-1所示。选择平面,在工具栏中长按"扭曲"按钮◐,展开变形器工具组,按住Shfit键单击"置换"按钮,将"置换"添加为"平面"的子级,如图9-2所示。

图9-1

在置换的着色选项卡中的"着色器"右侧添加"噪波",在置换的对象选项卡将"高度设置"为"100cm",如图9-3所示。

在置换的衰减选项卡中长

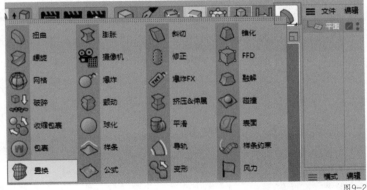

图9-2

按 ⊞ 线性域 按钮,展开域对象组,选择"球体域",如图9-4所示。

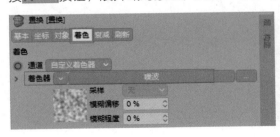

图9-3

在视图窗口可以观察到,当添加球体域后,置换变形器只在球体域的影响范围内对平面产生变形效果,如图9-5所示。通过上述操作可知,添加域可以控制变形器的影响范围。

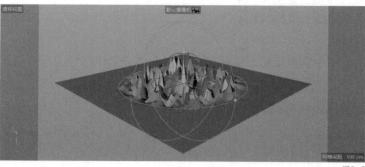

图9-4　　　　　　　　　　　　　　　　　　　　　　　　　　　　图9-5

知识点 2　效果器中域的使用

在主菜单栏中执行"运动图形-矩阵"命令，将矩阵添加到对象面板中，如图9-6所示。

图9-6

选择矩阵，在主菜单栏中执行"运动图形-效果器-简易"命令，为其添加简易效果器，如图9-7所示。

图9-7

选择简易效果器，在简易效果器的参数选项卡中将P.Y设置为"50cm"。可以看到，矩阵对象受到简易效果器的影响，整体向上移动了50cm，如图9-8所示。

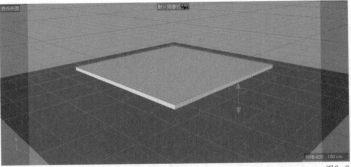

图9-8

在对象面板中选择简易效果器，在工具栏中长按"线性域"按钮，展开域工具组，选择"球体域"，将球体域添加到简易效果器的衰减选项卡的"域"列表框中，如图9-9所示。

当添加球体域后，简易效果器受到球体域的影响，只在球体域影响范围内影响矩阵对象的y轴位移。在视图面板中可以观察到，球体域中间区域深色范围影响强度最大，边缘区域浅色范围影响强度最小。通过上述操作可以了解到，添加域可以控制运动图形对象的影响范围，如图9-10所示。

图9-9

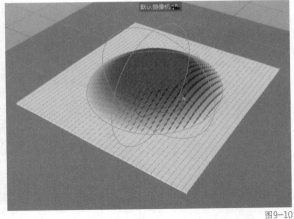

图9-10

知识点 3 域对象与域层

在Cinema 4D中，域从概念上分为域对象和域层两大类，下面讲解两者的不同之处。

1. 域对象

在对象面板中直接显示的域称为"域对象"。域对象有独立的坐标轴属性，下面讲解域对象的创建方法。

• 通过主菜单栏添加域对象。在主菜单栏中执行"创建－域"命令，选择域对象即可将域对象添加到对象面板中，如图9-11所示。

• 通过工具栏添加域对象。在工具栏中长按"线性域"按钮，展开域工具组，选择域对象即可将对象添加到对象面板中，如图9-12所示。

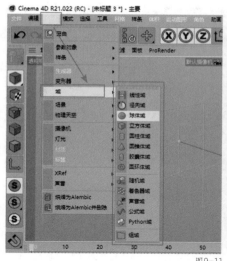

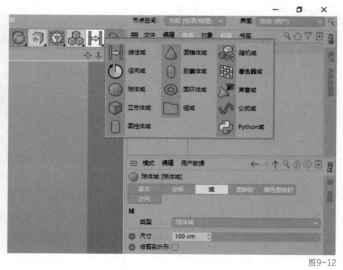

图9-11 图9-12

2．域层

在Cinema 4D中，几乎所有的对象都能作为域对象添加到衰减选项卡的"域"列表框中。域层指的是不能在对象面板中直接显示的域对象。在图9-13所示的"域"列表框中可以看到，"域"列表框中添加的发射器、圆环样条和球体都作为域对象对矩阵产生了影响，但是在对象面板中并没有以域对象的形式来显示。

图9-13

知识点4 域影响的对象

在Cinema 4D中，域可以影响运动图形、变形器、体积生成、顶点贴图、选集标签和力场等对象，如图9-14所示。

知识点5 域对象属性面板

域对象属性面板下主要包括域、重映射、颜色重映射等选项卡。下面以线性域为例讲解域对象的相关属性。

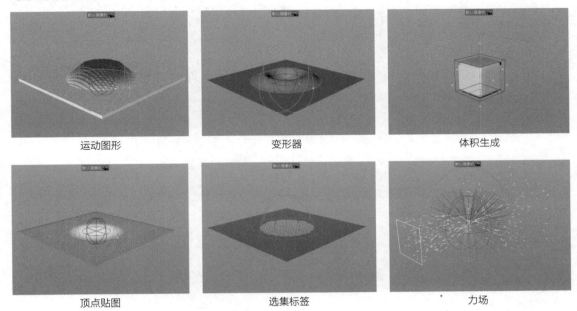

| 运动图形 | 变形器 | 体积生成 |

| 顶点贴图 | 选集标签 | 力场 |

图9-14

在主菜单栏中执行"运动图形-矩阵"命令，将矩阵添加到对象面板中。选择矩阵，在主菜单栏中执行"运动图形-效果器-简易"命令，添加简易效果器。选择简易效果器，在简易效果器的属性面板中选择参数选项卡将P.Y设置为"200cm"。在简易效果器的属性面板中选择衰减选项卡，单击"线性域"按钮，将线性域添加到"域"列表框中，如图9-15所示。

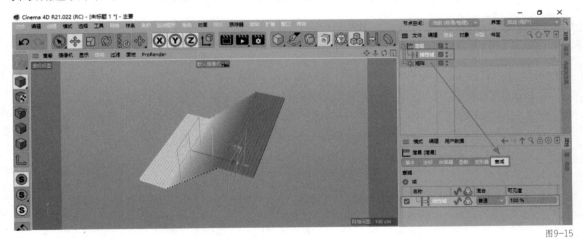

图9-15

在对象面板中选择线性域，在线性域的属性面板下选择域选项卡，将长度设置为"200cm"，同时，可设置方向对域的轴向进行设置，如图9-16所示。

在线性域的重映射选项卡中将"轮廓模式"设置为"曲线"，选择样条，单击鼠标右键，执行"样条预设-正弦"命令，调整样条类型，如图9-17所示。

在线性域的颜色重映射选项卡中将"颜色模式"设置为"颜色"，将"颜色"设置为蓝色，如图9-18所示。

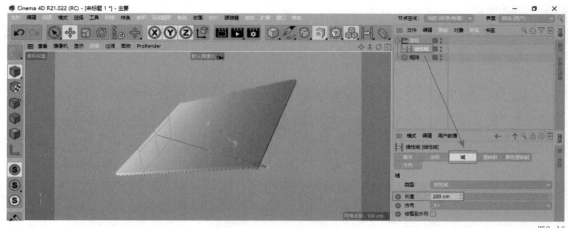

图9-16

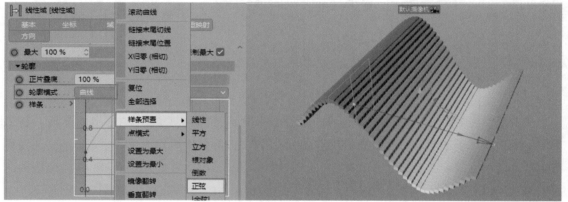

图9-17

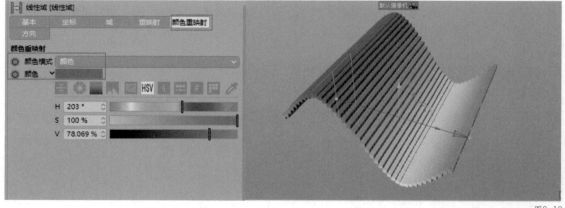

图9-18

提示　域对象有很多种类型，读者可切换不同域对象进行参数的对比和了解。

第2节　域的图层混合

在域面板中添加了多个域层的时候，可基于图层概念对多个域层进行上、下图层的混合，从而得到更为丰富的衰减范围，下面通过几组图例的对比讲解各种域的混合效果。

知识点 1 普通混合

当"域"列表框中的域层"混合"设置为"普通"时，会使矩阵对象产生衰减效果。当"域"列表框中存在多个域层时，上层域层效果会覆盖下层域层效果，可观察到，此时"域"列表框中"绿色球体域"域层使矩阵对象产生了衰减效果，如图9-19所示。

知识点 2 最小和最大混合

当"域"列表框中的域层"混合"设置为"最小"时，不会使矩阵对象产生衰减效果。当"域"列表框中存在多个域层时，上层域层效果会覆盖下层域层效果，可以观察到，此时"域"列表框中所有域层都未使矩阵对象产生衰减效果，如图9-20所示。当"域"列表框中的域层"混合"设置为"最大"时，会使矩阵对象产生衰减效果。当"域"列表框中存在多个域层时，上层域层效果会覆盖下层域层效果，可以观察到，此时"域"列表框中"混合"设置为"最大"的域层使矩阵对象产生了衰减效果，如图9-21所示。

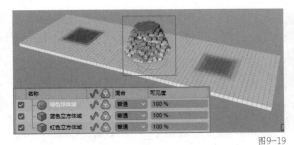

图9-19

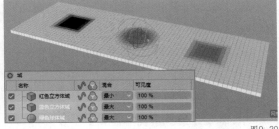

图9-20

知识点 3 添加和减去混合

当"域"列表框中域层"混合"被设置为"添加"时，会使矩阵对象产生衰减效果，当"域"列表框中域层"混合"设置为"减去"时，不会使矩阵对象产生衰减效果。"添加"和"减去"混合模式不会产生域层覆盖效果，如图9-22所示。

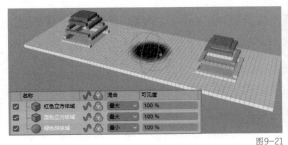

图9-21

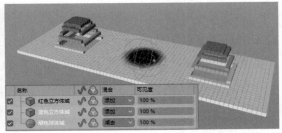

图9-22

知识点 4 正片叠底和屏幕混合

当"域"列表框中的域层"混合"设置为"正片叠底"时，不会使矩阵对象产生衰减效果，当"域"列表框中存在多个域层时，上层域层效果会覆盖下层域层效果，可以观察到，此时"域"列表框中所有域层都未使矩阵对象产生衰减效果，如图9-23所示。当"域"列表框中的域层混合设置为"屏幕"时，会使矩阵对象产生衰减效果。域层"混合"设置为"屏幕"的域层会与下层域层的效果叠加。可以观察到，此时"域"列表框中所有域层使矩阵对象产生了衰减效果，如图9-24所示。

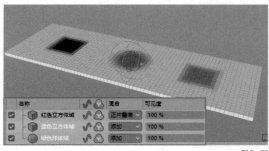
图9-23

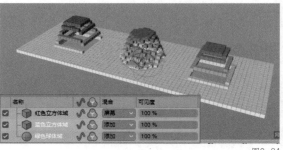
图9-24

知识点 5 叠加混合

当"域"列表框中域层"混合"设置为"叠加"时，该域层效果将和下方域层效果进行混合叠加，如图9-25所示。

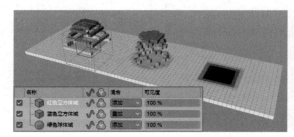

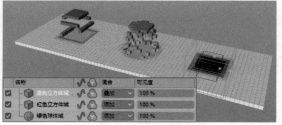
图9-25

第3节 修改层

修改层与After Effects中的调整图层的作用类似，修改层可以影响它下面的所有域层。添加修改层可以对域层进行更为灵活的控制，制作出更为丰富的衰减效果。本节将通过对常用修改层的讲解来帮助读者快速掌握修改层的使用技巧，如图9-26所示。

下面重点讲解公式修改层、冻结修改层、反向修改层和延迟修改层的使用技巧。

在主菜单栏中执行"运动图形–矩阵"命令，将矩阵添加到对象面板中。

选择矩阵，在主菜单栏中，执行"运动图形–效果器–简易"命令，添加简易效果器。

选择简易效果器，在简易效果器的属性面板中选择参数选项卡，将P.Y设置为"60cm"。在简易效果器的衰减选项卡中长按"创建一个新域对象"按钮，展开域对象组，选择"立方体域"，将立方体域添加到"域"列表框中，如图9-27所示。再次长按"创建一个新域对象"

按钮，展开域对象组"球体域"，将球体域添加到"域"列表框中。下面将在此场景中进行修改层的添加和讲解，如图9-28所示。

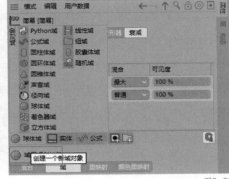

图9-26　　　　　　　　　　　　　　　图9-27

知识点1　公式修改层

在简易效果器的衰减选项卡中长按"添加一个修改域层"按钮，展开修改层组，选择"公式"，将公式添加到"域"列表框的最上层。在"域"列表框中选择"公式"，将其"混合"设置为"减去"，在时间线面板单击"向前播放"按钮▶播放动画，观察公式对立方体域和球体域的影响，如图9-29所示。

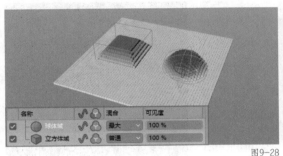

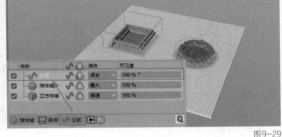

图9-28　　　　　　　　　　　　　　　图9-29

知识点2　冻结修改层

在添加公式修改层的基础上，添加冻结到"域"列表框中，将"冻结"放在"公式"上方。播放动画可以看到受最上层冻结的影响，公式不再对矩阵对象产生动画效果，如图9-30所示。

知识点3　反向修改层

删除公式修改层和冻结修改层，添加反向到"域"列表框的最上层，可以观察到，此时场景中域对象的衰减效果进行了反向，如图9-31所示。

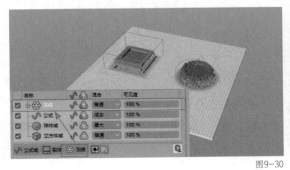

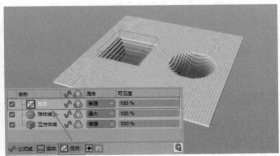

图9-30　　　　　　　　　　　　　　　图9-31

知识点4　延迟修改层

删除反向修改层，添加公式和延迟到"域"列表框中，将"延迟"放在"公式"上层。在"域"列表框中选择"延迟"，在延迟的层选项卡中，将"效果强度"设置为"80%"。播放动画，观察延迟修改层对场景动画的影响，如图9-32所示。

> **提示** 修改层的类型有很多，读者可以将不同类型的修改层添加到"域"列表框中，调整图层顺序和图层混合来观察对场景衰减效果的影响。

第4节　域综合案例

本节制作图9-33所示的案例效果，深入了解域的应用技巧。

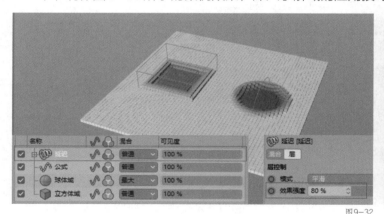

图9-32

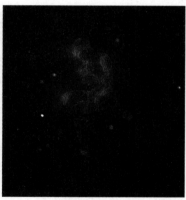

图9-33

■　步骤1　打开案例工程

在主菜单栏中执行"文件－打开项目"命令。打开本课素材包中的"域综合案例_开始文件.c4d"文件。请在此工程文件的基础上完成本案例的制作。

■　步骤2　添加矩阵对象

在主菜单栏中执行"运动图形－矩阵"命令，将矩阵添加到对象面板中。在对象面板中选择"矩阵"，在矩阵的对象选项卡中将"模式"设置为"对象"，将"人模"模型添加到"对象"右侧框中，将"数量"设置为"5000"，将"生成"设置为"Thinking Particles"，如图9-34所示，在对象面板中选择"矩阵"，使矩阵编辑器可见，将渲染器设置为"关闭"。

■　步骤3　添加体积生成对象

在工具栏中长按"体积生成"按钮，展开生成器工具组，单击"体积生成"按钮，将体积生成添加到对象面板中。选择"体积生成"，在体积生成的对象选项卡中将"人模"模型添加到"对象"列表框中，将"体素类型"设置为"矢量"，将"体素尺寸"设置为"2cm"，如图9-35所示。

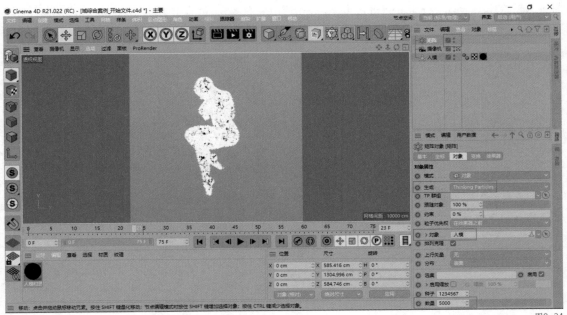

图9-34

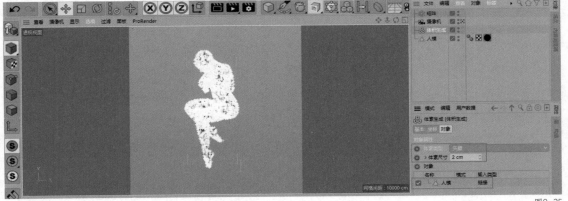

图9-35

■ 步骤4 添加域力场

在主菜单栏中执行"模拟-力场-域力场"命令，将域力场添加到对象面板中。在对象面板中选择"域力场"，在域力场的对象选项卡中将速"率类型"设置为"设置绝对速率"，将"强度"设置为"325"。在对象面板中选择体积生成对象，将体积生成对象拖曳到域力场属性面板对象选项卡的"域"列表框中，再单击"体积对象"进行添加，如图9-36所示。

■ 步骤5 设置Xpresso表达式控制

01 在工具栏中长按"立方体"按钮，展开参数对象工具组，选择"空白"，将空白添加到对象面板中。选择"空白"，单击鼠标右键，执行"编程标签-XPresso"命令添加XPresso标签，如图9-37所示。

02 在弹出的"XPresso编辑器"窗口中，单击鼠标右键，执行"新建节点-Thinking Particles-TP创建体-粒子传递"命令，添加粒子传递结点。再次单击鼠标右键，执行"新建节点–Thinking Particles–TP动态项–PForce对象"命令，添加PForce对象结点，如图9-38所示。

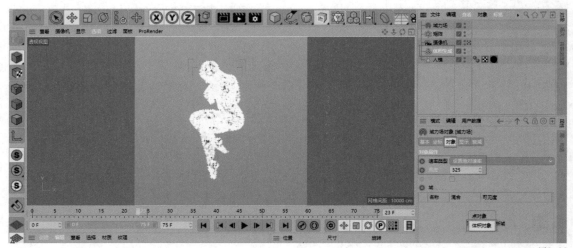

图9-36

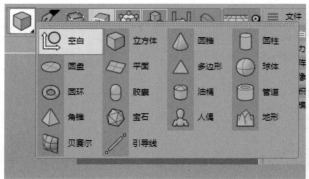

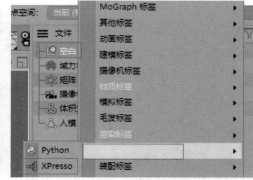

图9-37

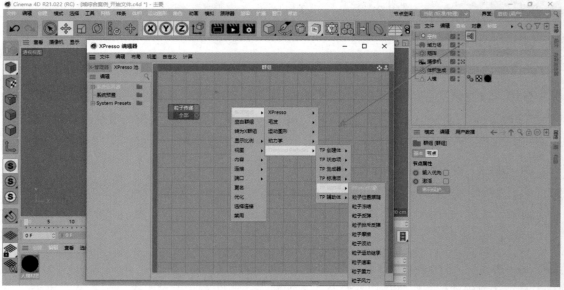

图9-38

03 在对象面板中选择"域力场",将域力场添加到"XPresso编辑器"窗口中的PForce对象中,将粒子传递结点与PForce对象结点进行连接,如图9-39所示。

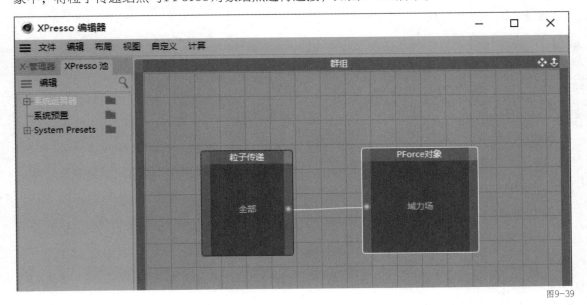

图9-39

■ 步骤6 添加随机域对象

01 在工具栏中长按"线性域"按钮,展开域工具组,单击"随机域"按钮,将随机域对象添加到对象面板中,如图9-40所示。

02 在对象面板中选择"体积生成"对象,将随机域对象添加到体积生成对象属性面板下的"对象"列表框中。将"随机域"对象放在"人模"模型的上层。选择域中的随机域,将其"模式"设置为

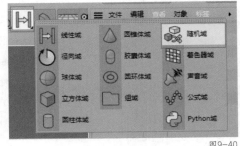

图9-40

"穿过"。在体积生成对象的属性面板中将"创建空间"设置为"对象以下",如图9-41所示。

03 在对象面板中选择"随机域"对象,在"随机域"对象的属性面板中选择域选项卡,将"比例"设置为"500%",播放动画观察粒子运动,如图9-42所示。

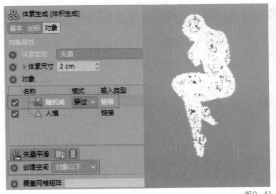

图9-41

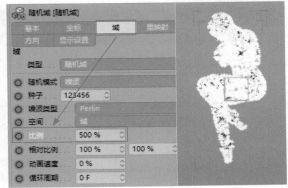

图9-42

■ 步骤7　添加追踪对象

01 在主菜单栏中执行"运动图形-追踪对象"命令，将追踪对象添加到对象面板中，如图9-43所示。

02 在对象面板中选择"追踪对象"，将矩阵添加到追踪对象属性面板下的"追踪链接"列表框中，将"限制"设置为"从结束"，将"总计"设置为"80"，将"类型"设置为"贝塞尔（Bezier）"，将"点插值方式"设置为"自动适应"，将"角度"设置为"10°"，如图9-44所示。

■ 步骤8　添加毛发材质

在主菜单栏中执行"创建-材质-材质-新建毛发材质"命令，添加毛发材质到材质面

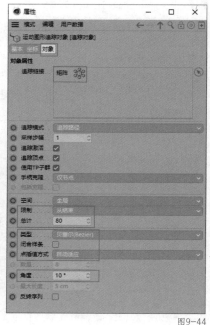

图9-43

图9-44

板中，将创建的毛发材质添加给对象面板中的追踪对象。在材质面板中双击毛发材质球，在"材质编辑器"窗口中勾选材质编辑器窗口左侧的"颜色""粗细""卷发"通道，调整颜色的相关参数，如图9-45所示。

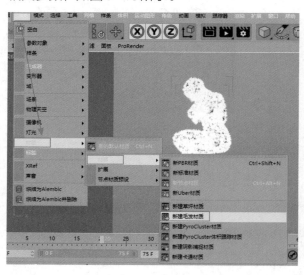
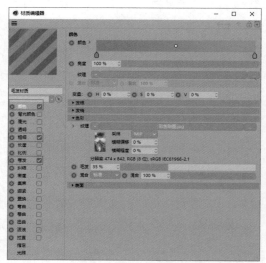

图9-45

■ 步骤9　设置渲染参数

单击"编辑渲染设置"按钮，在"渲染设置"窗口中设置渲染输出相关参数，完成本案例的制作，如图9-46所示。

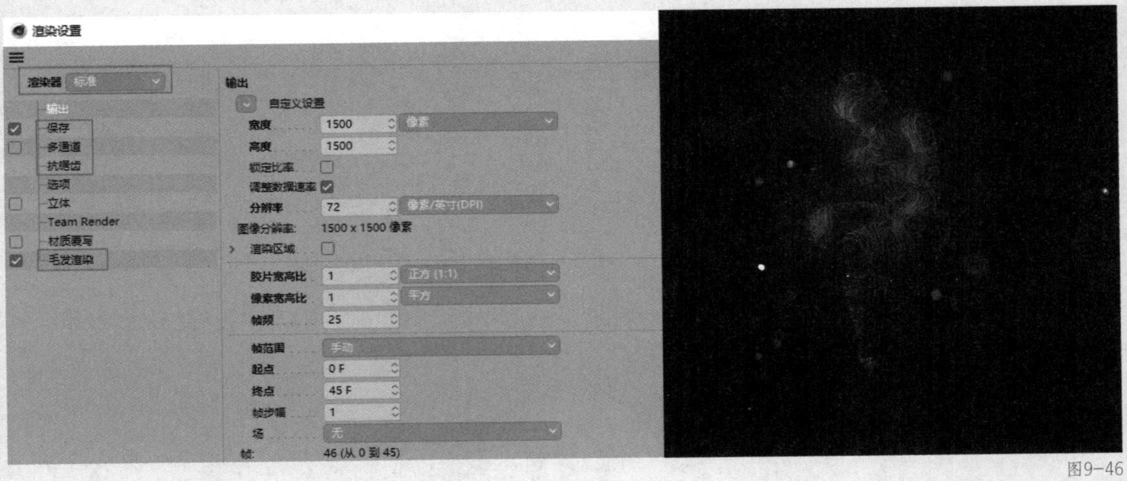

图9-46

至此，本案例已讲解完毕，请扫描图9-47所示二维码观看视频进行知识回顾。

图9-47

本课练习题

1. 填空题

（1）域简单地说就是一个_____，通过域可以对指定区域进行影响和控制。

（2）可以在_____的域称为"域对象"。

（3）域层指的是_____的域对象。

参考答案：

（1）影响范围

（2）对象面板中直接显示

（3）不能在对象面板中直接显示

2. 操作题

掌握本课所学知识后，制作出图9-48所示的效果，并结合素材包内资源文件摆好造型、添加好材质后渲染输出。

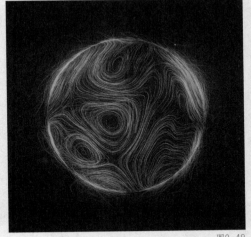

图9-48

操作题要点提示

① 通过本课域综合案例的学习，举一反三，完成本课操作题。

② 调整毛发材质的相关参数即可得到最终效果。

体积建模系统

前面讲解过多边形建模和样条建模的方法，本课将讲解一种全新的建模方法——体积建模。体积建模的建模逻辑是先使用基础模型进行形态的堆积，再为其添加体积生成生成器，体积生成生成器会把基础模型形态转换为体素模型，并可以使用体积生成生成器中的过滤层对体素模型的形态进行细节调整，最终可以结合体积网格生成器进行渲染。

本课首先会讲解体积生成生成器的使用方法和体素类型，然后通过案例来加深读者对体积建模系统的理解。

本课知识要点
◆ 体积生成的使用
◆ 体积生成中的过滤层
◆ 体积网格
◆ 体积系统与域结合使用
◆ 体积系统缓存及烘焙为Alembic

第1节 初识体积建模

体积建模是通过模型、样条、粒子和噪波来创建体积模型的建模方式。在体积建模系统中，可以通过添加或减去基本形状来创建复杂模型。

体积建模是一种新的建模方式。它用非常程序化的方式构建有机或硬表面对象。在进行体积建模时，可以对多个基本对象和多边形对象进行布尔运算（如相加、相减和相交）；还可以添加或减去样条线、克隆、域等，以快速创建复杂的形状，创建出的模型如图10-1所示。

图10-1

第2节 体积生成的使用

体积建模系统中的模型是先通过体积生成生成器中的体素进行运算，再通过体积生成生成器中的过滤层对体素表面进行细节形态控制。

体积生成生成器的属性面板下有3种体素类型可以选择，分别是"SDF""雾"和"矢量"。

不同的体素类型制作出的形态不同，不同的体素类型有不同的运算模式，下面对3种不同的体素类型进行讲解。

知识点1 SDF 体素详解

下面为两个基础模型添加体积生成，如图10-2所示。此时模型形态已经发生变化，这种变化是体积生成下的SDF体素作用产生的。

默认情况下，"体素类型"是"SDF"，"体素尺寸"为"10cm"。体素尺寸可以调整体素形态显示的细节，体素尺寸赵大，模型越粗糙；体素尺寸越小，模型越精细。将"体素尺寸"分别调整为"10cm"和"2cm"，对比效果如图10-3所示。

SDF体素类型的运算模式有3种，即"加""减"和"相交"，如图10-4所示，默认的运算模式是"加"。

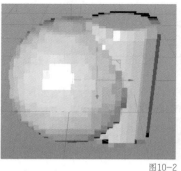
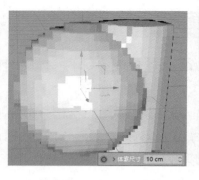
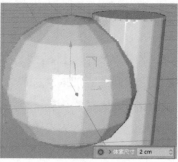

图10-2

图10-3

将运算"模式"分别调整为"加""减"和"相交",效果如图10-5所示。

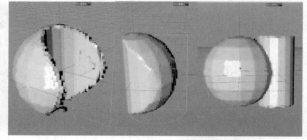

图10-4

图10-5

提示 注意两个模型在体积生成属性面板中"对象"列表框内的上下层的顺序,顺序不同,运算结果也不同。

知识点 2 制作卡通模型

下面使用体积生成中的SDF体素制作图10-6所示的卡通模型。

操作步骤

01 在主菜单栏中执行"创建-参数对象"命令,创建4个球体、2个圆环、1个立方体,在视图窗口中进行参数化模型的位置调整,如图10-7所示。

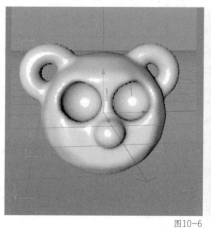
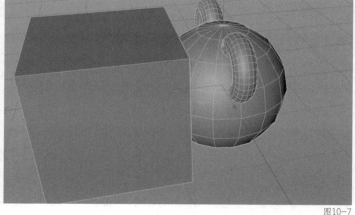

图10-6

图10-7

02 在主菜单栏中执行"体积-体积生成"命令,并将"体积生成"作为所有参数化模型的父级，如图10-8所示。

03 在体积生成的对象选项卡中保持默认选择"SDF"，将"体素尺寸"设置为"1cm"，调整模型之间运算方式，如图10-9所示。

提示 将1个球体模型作为主体，2个圆环作为卡通模型的两个耳朵，立方体用于将卡通模型的正面变平。剩余3个球体，将2个作为眼睛，1个作为鼻子。

04 卡通模型在视图窗口中最终的形态，如图10-10所示。

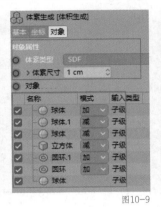

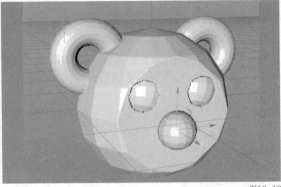

图10-8 　　　　　　　　　　图10-9 　　　　　　　　　　　　　　　　图10-10

知识点 3 雾体素详解

为两个基础模型添加体积生成生成器，将"体素类型"设置为"雾"，如图10-11所示。此时，模型形态已经发生变化，这种变化是体积生成下的"雾"体素导致的，如图10-12所示。

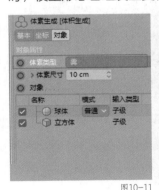

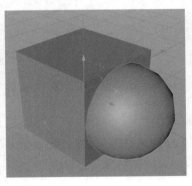

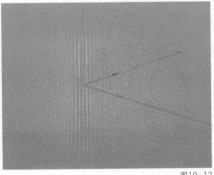

图10-11 　　　　　　　　　　　　　　　　　　　　　　　　　　　　图10-12

在体积生成的对象选项卡中将"体素类型"设置为"雾"。体素尺寸可以调整体素形态显示的细节，体素尺寸越大，体素化程度越高；体素尺寸越小，体素化程度越低。将"体素尺寸"分别调整为"10cm"和"2cm"，对比效果如图10-13所示。

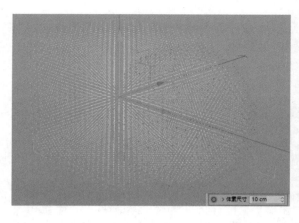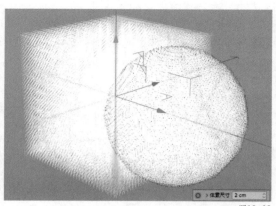

图10-13

"雾"体素模式下，结算"模式"有7种，分别为"普通""最大""最小""加""减""乘""除"，如图10-14所示，默认的结算模式是"普通"。

提示 为了更直观地观察模型形态，在主菜单栏中执行"体积-体积网格"命令，并将"体积网格"作为"体积生成"的父级，如图10-15所示。体积网格会把当前显示的"雾"模式转为模型形态，如图10-16所示。（体积网格的相关知识点后面会单独讲解，这里暂不详解。）

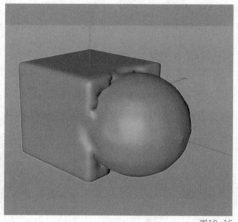

图10-14　　　　　　　　　图10-15　　　　　　　　　图10-16

将结算"模式"分别调整为"普通""最大""最小""加""减""乘""除"，效果如图10-17所示。

提示 注意两个模型在体积生成属性面板下对象列表框中的上下层顺序，顺序不同，运算结果也不同。

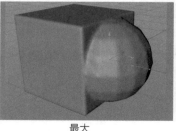

普通　　　　　　　　　　最大　　　　　　　　　　最小

图10-17

加

减

乘

除

图10-17（续）

知识点 4 制作水杯模型

下面使用体积生成中的"雾"模式，制作水杯，如图10-18所示。

操作步骤

`01` 在主菜单栏中执行"创建－参数模型"命令，创建3个圆柱，2个立方体，在视图窗口中进行模型位置的调整，如图10-19所示。

图10-18

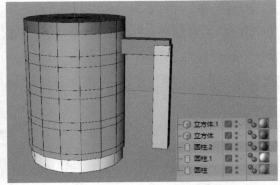
图10-19

`02` 对模型的尺寸大小进行调整，将第1个圆柱作为水杯的主体部分；调整第2个圆柱半径小于第1个圆柱半径，将其放到主体下面；第3个圆柱半径同样小于第1个圆柱半径，将其放到第1个圆柱上半部；将两个立方体作为水杯的把手，如图10-20所示。

`03` 在主菜单栏中执行"体积－体积生成"命令，并将"体积生成"作为所有模型的父级。在主菜单栏中执行"体积－体积网格"命令，并将"体积网格"作为"体积生成"的父级，如图10-21所示。

`04` 在体积生成的对象选项卡中将"体素类型"设置为"雾"，将"体素尺寸"设置为"2cm"，如图10-22所示。

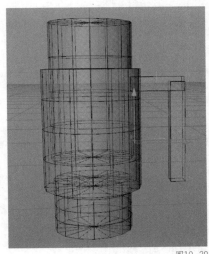
图10-20

`05` 调整体积生成生成器中模型之间的运算模式，如图10-23所示。

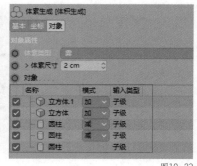

图10-21　　　　　　　　　　　　图10-22　　　　　　　　　　　　图10-23

06 在视图窗口看到的模型最终形态如图10-24所示。

> **提示** 虽然使用"雾"体素可以制作出体积雾，但是要结合ProRender渲染器里面的功能进行渲染才能看到效果。

知识点 5　矢量体素详解

为基础模型和样条添加体积生成生成器，在体积生成的对象选项卡中将"体素类型"设置为"矢量"，如图10-25所示。此时，模型形态已经发生变化，这种变化是体积生成下的"矢量"体素导致的，如图10-26所示。

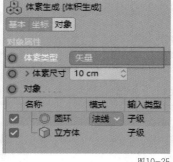

图10-24　　　　　　　　　　　　图10-25　　　　　　　　　　　　图10-26

在体积生成的对象选项卡中将"体素类型"设置为"矢量"。体素尺寸可以调整体素形态显示的细节，体素尺寸越大，体素化程度越高；体素尺寸越小，体素化程度越低。如将"体素尺寸"分别调整为"10cm"和"2cm"，对比效果如图10-27所示。

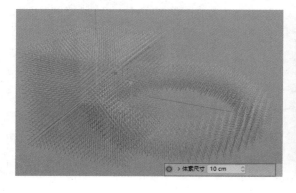

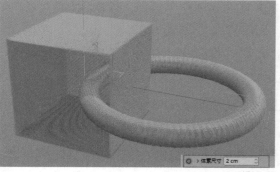

图10-27

在"矢量"体素类型下，结算"模式"有4种，分别是"法线""添加""减去""穿过"，如图10-28所示，默认的结算模式是"法线"。

图10-28

将结算"模式"分别调整为"法线""添加""减去""穿过"，效果如图10-29所示。

至此，本节已讲解完毕，请扫描图10-30所示二维码观看视频进行知识回顾。

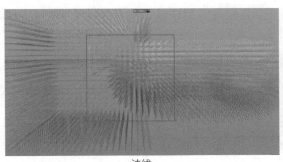

法线

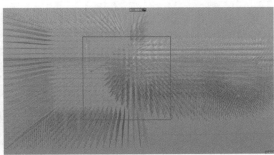

添加

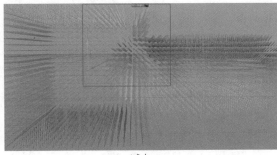

减去

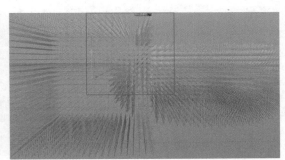

穿过

图10-29

第3节 体积生成中的过滤层

上节讲解了使用体积生成生成器中的3种体素制作基础形态的体素，如需对生成的体素表面进行细节控制，还可以结合过滤层进行调整。

图10-30

知识点 1 SDF 体素中的过滤层详解

SDF体素类型中，过滤层有3种，分别是"SDF平滑""SDF扩张和腐蚀""SDF关闭和打开"，如图10-31所示。

为两个基础模型添加体积生成生成器，在体积生成的对象选项卡中创建"SDF平滑"过滤层，如图10-32所示。此时，模型形态已经发生变化，这种变化是在体积生成下创建了SDF平滑导致的，如图10-33所示。

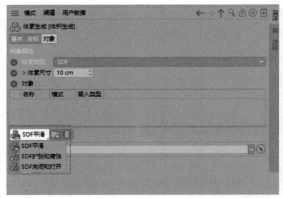

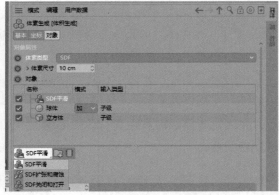

图10-31

图10-32

图10-33

在体积生成的对象选项卡中选择"SDF平滑"过滤层，可显示过滤层的滤镜，如图10-34所示。

"强度"用于控制平滑效果，强度为0%时，无平滑效果，"执行器"中包含了平滑的几种模式，如图10-35所示。"体素距离"用于设置体素之间的距离，"迭代"用于设置SDF平滑效果对体素的运算精度。

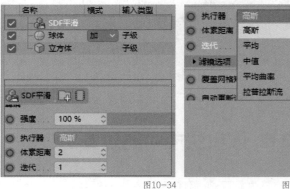

图10-34

图10-35

在体积生成的属性面板中选择对象选项卡，创建"SDF扩张和腐蚀"过滤层，如图10-36所示，模型形态已经发生变化。这种变化是在体积生成下创建了SDF平滑导致的，如图10-37所示。

在体积生成的对象选项卡中选择"SDF扩张和腐蚀"过滤层，可显示过滤层的滤镜，如图10-38所示。

"强度"用于控制扩张和腐蚀的参数，强度为0%时，无扩张和腐蚀效果。"偏移"的数值为正时，产生扩张效果；数值为负时，产生腐蚀效果。"迭代"用于设置SDF扩张和腐蚀对体素的运算精度。

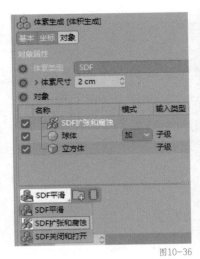

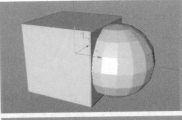

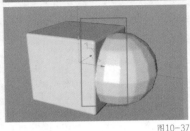

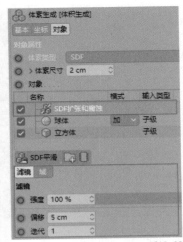

图10-36　　　　　　　　　　　图10-37　　　　　　　　　　　图10-38

在体积生成的对象选项卡中创建"SDF关闭和打开"过滤层，如图10-39所示，模型形态已经发生变化。这种变化是在体积生成下创建了SDF关闭和打开导致的，如图10-40所示。

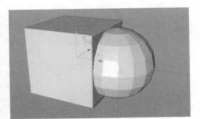

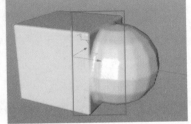

在体积生成的对象选项卡中选择"SDF关闭和打开"过滤层，可显示过滤层的滤镜，如图10-41所示。

"强度"用于控制关闭和打开的效果，强度为0%时，无关闭和打开效果。"偏移"用于控制内外倒角的效果。

图10-39　　　　　　　　　　　图10-40

"迭代"用于设置SDF关闭和打开对体素的运算精度。

知识点2　雾体素中的过滤层详解

"雾"体素类型中，过滤层有6种，分别是"雾平滑""雾倍增""雾反转""雾添加""雾范围映射""雾曲线"，如图10-42所示。

为两个基础模型添加体积生成生成器，在体积生成的对象选项卡中将"体素类型"设置为"雾"，将"体素尺寸"设置为"5cm"，如图10-43所示。

在过滤层中创建"雾平滑"，如图10-44所示。可以看到模型形态已经发生变化，如图10-45所示。

在体积生成的对象选项卡中选择"雾平滑"过滤层，可显示过滤层的滤镜，如图10-46所示。

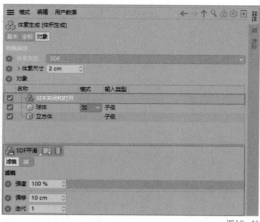
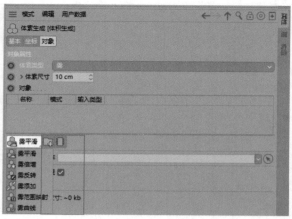

图10-41

图10-42

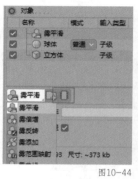
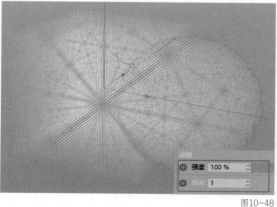

图10-43　　　　　　　　　图10-44　　　　　　　　　　　　　　　　　　图10-45

　　"强度"用于控制平滑效果，强度为0%时，无平滑效果。"执行器"中包含了平滑的几种模式，如图10-47所示。"体素距离"用于设置体素之间的距离。"迭代"用于设置雾平滑效果对体素的运算精度。

　　"雾倍增"过滤层如图10-48所示。"强度"用于控制雾倍增效果，强度为0%时，无倍增效果。"相乘"用于控制雾倍增的倍数。

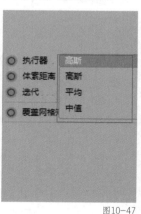

图10-46　　　　　　　　　　　图10-47　　　　　　　　　　　　　　　　　　图10-48

　　"雾反转"过滤层如图10-49所示。"强度"用于控制雾反转变化的效果。

　　"雾添加"过滤层如图10-50所示。"强度"用于控制雾添加变化的效果。"添加"用于控制添加的倍数。

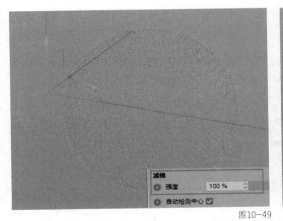

图10-49

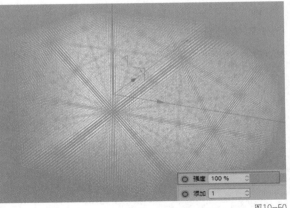

图10-50

"雾范围映射"过滤层如图10-51所示。"强度"用于控制雾范围映射变化的效果。输入和输出的调整范围为0～1，用于控制雾范围映射的范围。

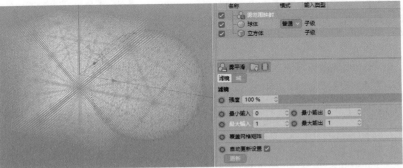

图10-51

"雾曲线"过滤层如图10-52所示。"强度"用于控制雾曲线变化的效果。在"外形"中可以通过曲线调整雾体素的显示形态。

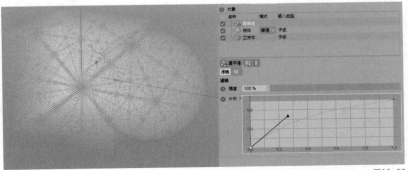

图10-52

知识点3 矢量体素中的过滤层详解

"矢量"体素类型中，过滤层有6个，分别为"矢量平滑""矢量缩放""矢量旋转""矢量反转""矢量标准化""矢量卷曲"，如图10-53所示。

为两个基础模型添加体积生成生成器，在体积生成的对象选项卡中将"体素类型"设置为"矢量"，将"体素尺寸"设置为"5cm"，如图10-54所示。

在过滤层中创建"矢量平滑"，模型形态已经发生变化，如图10-55所示。

在体积生成的对象选项卡中单击"矢量平滑"过滤层，可显示过滤层的滤镜，如图10-56所示。

"强度"用于控制平滑效果，强度为0%时，无平滑效果。"执行器"中包含了平滑的几种模式，如图10-57所示。"体素距离"用于设置体素之间的距离。"迭代"用于控制矢量平滑效果对体素的运算精度。

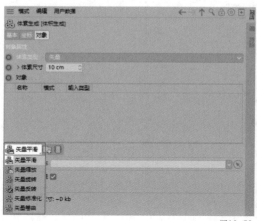

图10-53

图10-54

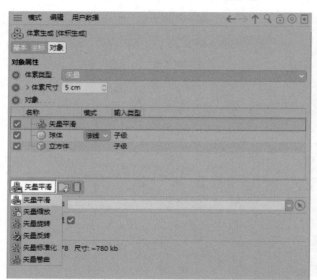

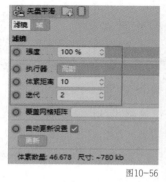

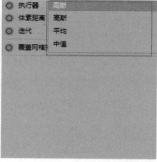

图10-55

"矢量缩放"过滤层如图10-58所示。"强度"用于控制矢量缩放变化的效果。"缩放"用于设置缩放的倍数。

"矢量旋转"过滤层如图10-59所示。"强度"用于控制矢量旋转变化的效果。"轴心"用于控制旋转的轴方向。"角度"用于控制旋转角度。

图10-56

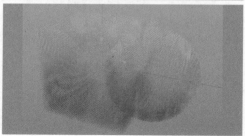

图10-57

"矢量反转"过滤层如图10-60所示。"强度"用于控制矢量旋转变化的效果。

"矢量标准化"过滤层如图10-61所示。"覆盖网格矩阵"是通过其他矩阵元素控制矢量标准的形态的。

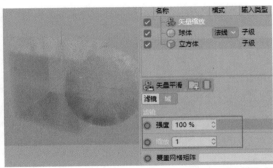

图10-58

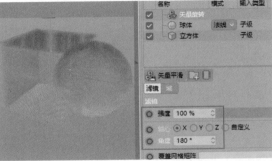

图10-59

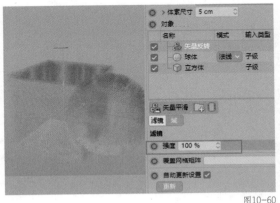

图10-60

图10-61

"矢量卷曲"过滤层如图10-62所示。"覆盖网格矩阵"是通过其他矩阵元素控制矢量卷曲的形态的。

图10-62

知识点4 SDF 体素中的过滤层应用

使用SDF中的3个过滤层对模型进行形态调整，如图10-63所示。

图10-63

操作步骤

01 在主菜单栏中执行"创建-参数模型-立方体"命令，调整立方体的大小如图10-64所示。

02 在主菜单栏中执行"运动图形-文本"命令，在文本的对象选项卡中的"文本"右侧框内输入文字"HXSD"，选择字体，将"对齐"方式设置为"中对齐"，如图10-65所示。

03 在视图窗口中对文本元素进行位置和角度的调整，如图10-66所示。

图10-64

图10-65

图10-66

04 在主菜单栏中执行"体积-体积生成"命令，将"体积生成"作为"立方体"和"文本"的父级，如图10-67所示。

05 在体积生成的对象选项卡中将"体素尺寸"设置为"2cm"。在创建过滤层中单击"SDF平滑"按钮添加"SDF平滑"过滤层，可以看到视图窗口中的模型会变得平滑，如图10-68所示。

图10-67

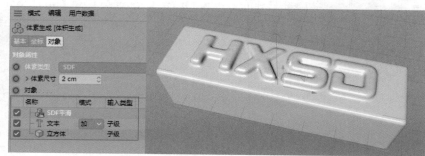
图10-68

> **提示** 注意"SDF平滑"过滤层的顺序，"SDF平滑"过滤层只对下层有效。

06 选择"SDF平滑"过滤层，其对象选卡中会显示滤镜参数，如图10-69所示。

07 在体积生成的对象选项卡中长按"创建过滤层"按钮，选择"SDF扩张和腐蚀"过滤层，添加"SDF扩张和腐蚀"过滤层，视图窗口中的模型会显示扩张后的效果，如图10-70所示。

图10-69

图10-70

> **提示** 注意"SDF扩张和腐蚀"过滤层的顺序，"SDF扩张和腐蚀"过滤层只对下层有效。

08 单击"SDF扩张和腐蚀"过滤层，其对象属性面板中会显示滤镜参数，如图10-71所示。根据案例需求调整对应参数。

09 在体积生成的对象选项卡中长按"创建过滤层"按钮，选择"SDF关闭和打开"过滤层，添加"SDF关闭和打开"过滤层，视图窗口中体积生成的模型边角会产生内外处理效果，如图10-72所示。

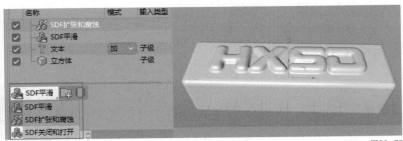

图10-71

图10-72

10 选择"SDF打开和关闭"过滤层，其属性面板中会显示"滤镜"参数，如图10-73所示。根据案例需求调整对应参数。

11 最终效果如图10-74所示。

至此，本节已讲解完毕，请扫描图10-75所示二维码观看视频进行知识回顾。

图10-73

图10-74

图10-75

第4节 体积网格的使用

前面几节讲解了使用体积生成生成器进行体素模型的制作方法，但是使用体积生成生成器制作的模型无法被渲染出来，如需对其进行渲染，还需要结合体积网格生成器来制作。

> **提示** 体积网格无法单独使用，它必须作为体积生成的父级使用。

知识点1 体积网格基本属性

在体积网格的属性面板中，需要调整的参数主要在对象选项卡中，如图10-76所示。

• "体素范围阈值"控制着体积网格形态的扩张和收缩。体素范围阈值为0%时，体积网格形态收缩到极值；体素范围阈值为100%时，体积网格形态扩张到极值。勾选"使用绝对数

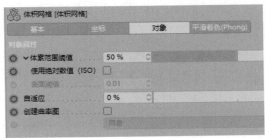

图10-76

值"后，可以激活"使用数值"选项，但是会停用"体素范围阈值"选项。

- "表面阈值"可以通过精确数值调整表面元素显示和消失的阈值。
- "自适控制"体积模型表面的细分数。数值为0%时，体积模型表面细分数最多；数值为100%时，体积模型表面细分数最少。

知识点 2 体积网格应用

下面使用第3节制作的案例模型来讲解体积网格的应用方法，如图10-77所示。使用体积网格可以对模型表面的细分进行调整和优化。

图10-77

操作步骤

`01` 在主菜单栏中执行"体积-体积网格"命令，将"体积网格"作为"体积生成"的父级，可以看到视图窗口的体素转换成模型形态，如图10-78所示。

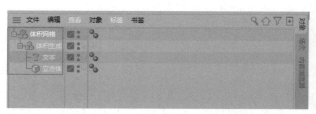

图10-78

`02` 在体积网格的对象选项卡中将"自适应"设置为20%，进行模型的减面处理，如图10-79所示。

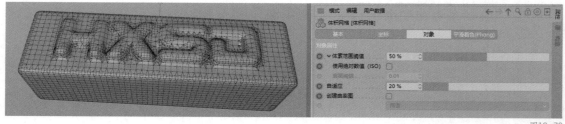

图10-79

使用体积网格可以对体积生成下的模型进行渲染，同时也可以对体积表面的细分进行调整。

至此，本节内容已讲解完毕，请扫描图10-80所示二维码观看视频进行知识回顾。

图10-80

第5节 体积系统结合域使用

使用体积系统建模是一种新的技术应用方式，同时结合域使用会让模型形态更完善。本节将讲解如何通过域来控制体积系统中模型的区域范围变化。

知识点 1　什么是域

　　域就是一个影响范围，它通过这个范围的变化去影响一个贴图、一个选集或者一系列的克隆对象等运动图形。可以将这个影响范围想象成一张灰度图，0 ~ 1表示不同强度变化，控制这个灰度图就可以对范围内的图形、选集等做出一定的影响，如图10-81所示，这里使用的是球形的域，使平面的颜色做出了变化。球形的域在哪个位置，哪个位置就会成为红色。

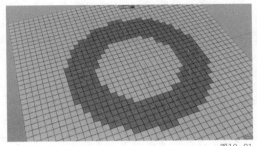

图10-81

知识点 2　体积生成过滤层中的域详解

　　为体积生成中的"SDF平滑"过滤层添加"线性域"，如图10-82所示，可以看到体素的平滑形态已经发生变化，如图10-83所示。

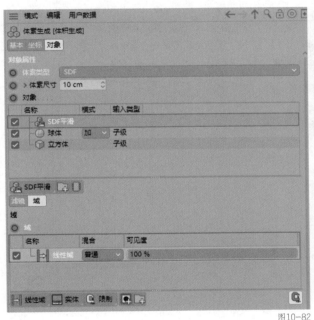

图10-82

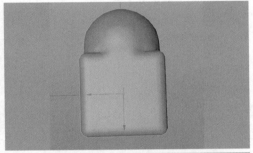

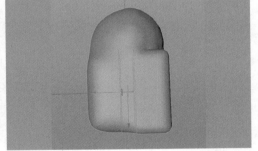

图10-83

　　在体积生成的属性面板中选择"SDF平滑"过滤层，选择"域"，如图10-84所示。

　　在"域"列表框中双击，可以创建一个新的域；或者长按"线性域"按钮 展开域工具组，如图10-85所示，单击任意一个域以创建新的域。

　　长按"实体"按钮 可以展开创建新的域和特殊层工具组，如图10-86所示。

　　长按"限制"按钮 可以展开修改域层工具组，如图10-87所示。

　　长按"遮罩"按钮 可以将遮罩子列表添加到所选图层，如图10-88所示。

　　单击"文件夹"按钮 可以创建一个新的文件夹，如图10-89所示。

　　单击"线性域"按钮显示域层。在混合选项卡中可以调整线性的启用与关闭，以及层的可见度和层混合；在域选项卡中可以调整线性域的尺寸大小及方向；在重映射选项卡中可以调整线性域的控制映射范围，如图10-90所示。

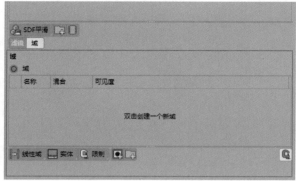

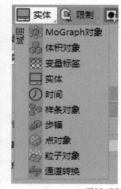

图10-84　　　　　　　　　　　图10-85　　　　　　　　　　图10-86

图10-87　　　　　　　　　　　图10-88　　　　　　　　　　图10-89

知识点 3　体积生成过滤层中的域应用

下面将讲解体积生成过滤层中的域应用，首先会制作案例需要的模型，再使用体积生成下的体素对模型进行调整，最后使用过滤层中的域对模型细节进行优化处理。

操作步骤

01　在主菜单栏中执行"创建－参数对象－立方体"命令，创建一个立方体。在主菜单栏中执行"运动图形－文本"命令，输入"HXSD"文本，调整其位置及大小等，效果如图10-91所示。

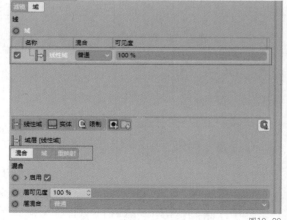

图10-90

02　在主菜单栏中执行"体积－体积生成"命令，创建体积生成生成器，将其作为"立方体"和"文本"的父级，如图10-92所示。

03　在体积生成的对象选项卡中创建"SDF平滑"过虑层，如图10-93所示。

图10-91

图10-92

图10-93

04 在体积生成的对象选项卡中选中刚才创建的"SDF平滑"过滤层，单击域选项卡，选择"球体域"，如图10-94所示。

05 在视图窗口中，可以看到体素模型的平滑效果消失，使用移动工具拖曳球体域的坐标轴，使球体域范围内的体素表面显示平滑效果，如图10-95所示。

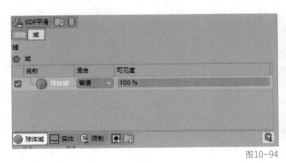
图10-94

图10-95

06 除"球体域"之外，还有其他形态的域，如图10-96所示。域通过不同形态来控制变化的范围，本节使用的是"球体域"，读者也可以尝试使用其他类型的域对本节案例进行操作。

知识点4 体积生成结合域的应用

下面使用体积生成生成器结合域制作更加复杂的形态，如图10-97所示。使用体积生成生成器结合域可以对模型表面进行更细节的调整及处理。

操作步骤

01 在主菜单栏中执行"创建-参数对象-立方体"命令，创建一个立方体。在主菜单栏中执行"体积-体积生成"命令，创建体积生成器，将其作为"立方体"的父级。在主菜单栏中执行"体积-体积网格"命令，创建体积网格生成器，将其作为"体积生成"的父级，如图10-98所示。

图10-96

图10-97

图10-98

02 在体积生成的对象选项卡中将"体素类型"设置为"雾"，将"体素尺寸"设置为"2cm"，如图10-99所示。

图10-99

03 在主菜单栏中，执行"创建－域－随机域"命令，如图10-100所示，创建随机域，将其作为"体积生成"的子级。

04 在体积生成的对象选项卡中将随机域的"模式"调整为"最小"，选择随机，调整随机域在体积生成中的坐标大小，与立方体的大小保持一致，如图10-101所示。

图10-100

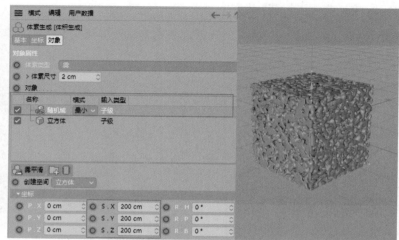

图10-101

05 在随机域的域选项卡中将"噪波类型"设置为"Pezo"，将"比例"设置为"20000%"，如图10-102所示。

06 在主菜单栏中执行"创建－域－线性域"命令，把"线性域"作为"体积生成"的子级，如图10-103所示。

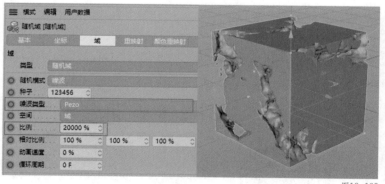

图10-102

图10-103

07 在体积生成的对象选项卡中将线性域的"模式"调整为"加"，选择线性域，调整线性域在体积生成中的坐标大小，与立方体的大小保持一致，如图10-104所示。

08 在视图窗口中用移动工具拖曳线性域的x轴，视图窗口中的模型会产生立方体布尔动画效果，如图10-105所示。

09 继续调整视图中的模型效果，在随机域的属性面板下选择重映射选项卡，将重映射的"强度"设置为"400%",如图10-106所示。

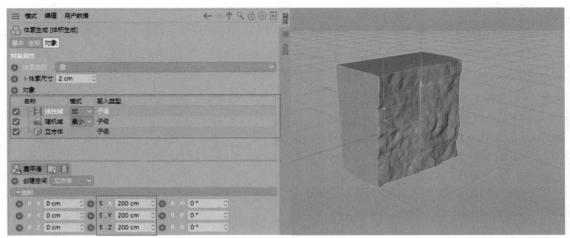

图10-104

图10-105

图10-106

至此,本节已讲解完毕,请扫描图10-107所示二维码观看视频进行知识回顾。

第6节 体积系统缓存及烘焙为Alembic

图10-107

由于使用体积系统建模后,视图窗口中的工程会变得卡顿,无法实时显示动画效果,因此需要进行缓存处理,把数据缓存后,可以在一定程度上优化体积建模后的模型和动画效果。

烘焙的主要作用是与其他的三维软件实现交互或者互导,可以使建模工作更高效方便。

知识点 1　体积系统缓存

　　使用第5节制作的案例工程，在体积生成的对象选项卡中单击"缓存"按钮 ，创建缓存

层，创建的缓存层显示为红色，说明
未开始缓存，如图10-108所示，"缓
存层"需要在最上层。

　　选择红色未缓存层，单击"缓
存"按钮开始缓存。

　　缓存成功后，红色的缓存层就会
变成绿色，说明缓存成功。如需更改
体积生成中的参数及效果，需单击
"清除"按钮，即可清除这个缓存层
所缓存的数据。

图10-108

知识点 2　烘焙为 Alembic

　　体积系统建模完成后，可以在Cinema 4D中进行查看，如需和其他的三维软件产生交
互，或者需要导出到其他的三维软件中，就需要把体积系统制作出来的模型转换成一种主流互
导的格式，这种格式就是Alembic，简称ABC"格式。

　　打开第5节中制作好的体积建模案例工程，选择体积网格后单击鼠标右键，执行"烘焙为
Alembic"命令，视图窗口中会弹出一个缓存对话框，如图10-109所示，等待完成即可。

　　烘焙完成后，对象面板中出现C4DObject模型对象，如图10-110所示。

　　单击C4DObject模型对象，在视图窗口查看烘焙成功后的模型，如图10-111所示。

图10-109

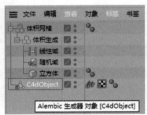

图10-110

图10-111

本课练习题

1. 填空题

（1）体积生成中体素有＿＿＿＿、＿＿＿＿、＿＿＿＿3种。

（2）SDF体素下过滤层有＿＿＿＿、＿＿＿＿、＿＿＿＿3种。

（3）体积生成下的模型需要结合＿＿＿＿使用才可以被渲染出来。

参考答案：

（1）SDF体素、雾体素、矢量体素

（2）SDF平滑、SDF扩张和腐蚀、SDF关闭和打开

（3）体积网格

2. 选择题

（1）雾体素下有（　　）种运算模式。

A. 4　　　　　　B. 5　　　　　　C. 6　　　　　　D. 7

（2）矢量体素下有（　　）种运算模式。

A. 4　　　　　　B. 5　　　　　　C. 6　　　　　　D. 7

（3）在软件中可以把动画模型烘焙为（　　）格式，才可以附带动画属性。

A. OBJ　　　　　B. ABC　　　　　C. FBX　　　　　D. AI

参考答案：

（1）D　（2）C　（3）B

3. 操作题

完成图10-112所示的卡通模型的建模。读者完成此题可以掌握体积建模的一般流程相关的过滤层的使用技巧。

操作题要点提示

本题涉及的知识点主要包括使用参数化模型进行基础模型组合、体积生成的结算模式和过滤层等，操作要点如下。

① 制作主体模型。使用基础参数化模型制作大体形态，对各模型的位置进行摆放。

② 在体积生成的对象选项卡中对模型之间的运算模式及体素尺寸进行设置。

③ 在体积生成的对象选项卡中创建"SDF平滑"过滤层。

④ 添加体积网格。

⑤ 对卡通模型的眼睛、眉毛和舌头形态及位置进行调整。

图10-112